超导电缆

在城市电网中的应用

国网上海市电力公司　组编

中国电力出版社

CHINA ELECTRIC POWER PRESS

内 容 提 要

超导输电，较之传统输电方式，具有容量大、损耗低、环境友好等特点，一直是能源及电力行业梦寐以求的前沿技术。近年来，随着社会用电负荷不断上升，电网改造压力日益增大，尤其在城市高负荷密度区，面临着日益增加的用电需求、老旧设备供电能力不足、地下空间日趋紧张、电源点难以深入负荷中心等多重问题，亟需采用新技术、新方法开辟城市能源互联网发展的新道路。在此背景下，上海公里级国产化高温超导电缆工程孕育而生。本书不仅记录了该工程从无到有的全过程、获得的研究成果和积累的工程经验，同时也充分概括总结了二十多年来国内外在超导电缆及其相关领域的技术发展。

全书共 7 章，分别为超导电力电缆概述、超导电缆在城市电网中的规划设计、超导电缆工程的应用系统设计、超导电缆工程的监测与监控系统设计、超导电缆工程的敷设与验收、超导电缆工程的运维与评价和超导技术在电力中的应用与展望。

本书可供从事超导材料、超导电缆、超导电工装备、制冷装备和超导输配电等领域的广大读者参考、学习。

图书在版编目（CIP）数据

超导电缆在城市电网中的应用 / 国网上海市电力公司组编. —北京：中国电力出版社，2022.1
（2022.7 重印）

ISBN 978-7-5198-5908-4

Ⅰ．①超… Ⅱ．①国… Ⅲ．①超导电缆–应用–城市配电网–研究 Ⅳ．①TM249.4②TM727.2

中国版本图书馆 CIP 数据核字（2021）第 165608 号

出版发行：中国电力出版社
地　　址：北京市东城区北京站西街 19 号（邮政编码 100005）
网　　址：http://www.cepp.sgcc.com.cn
责任编辑：邓慧都
责任校对：黄　蓓　王小鹏
装帧设计：张俊霞
责任印制：石　雷

印　　刷：北京九天鸿程印刷有限责任公司
版　　次：2022 年 1 月第一版
印　　次：2022 年 7 月北京第三次印刷
开　　本：710 毫米×1000 毫米　16 开本
印　　张：10.75
字　　数：195 千字
定　　价：88.00 元

编 委 会

序　言

100 多年前，从荷兰科学家发现超导现象开始，随着一代代超导人的不懈努力和突破，实用超导技术已从研究开发实现了产业化和商业化的应用，其发展前景不可估量，它将是 21 世纪最具有战略意义的新技术之一。

高温超导材料在电力、电工装备、医疗、交通等领域的大规模应用已开辟了新天地，其中我国超导输配电高温超导电缆的商业化应用已达到了国际先进的水平。

超导电缆具有低损耗，大容量的突出优点，通过在上海市中心区输电工程中的应用验证表明：其应用于城市电网的巨大潜力和优势，是解决城市电网的巨大能源需求与稀缺土地资源间矛盾的利器。

在国网上海市电力公司、上海电缆研究所有限公司、上海国际超导科技有限公司等有关公司的通力合作下，大胆尝试，选定上海市中心地区在空间小、输电容量大的条件下，采用高温超导电缆进行商业化的应用探索，用 5 年时间首次建成了世界上输送容量最大（133MVA）、距离最长（1.2km）、全商业化运行的"35kV 公里级超导电缆示范工程"。采用一回超导电缆代替了四回传统电缆的供电能力，为城市电网与城市的和谐发展开辟了一条新通道。

全书共 7 章，内容涉及：超导电力电缆概述、超导电缆在城市电网中的规划设计、超导电缆工程的应用系统设计、超导电缆工程的监测与监控系统设计、超导电缆工程的敷设与验收、超导电缆工程的运维与评价和超导技术在电力中的应用与展望。这些内容既是国内外的综述，更是上海超导团队多年来在工作中实践的阶段总结，我认为将有助于从事超导材料、超导电缆、超导电工装备、制冷装备和超导输配电等的科技人员会起到有益的作用。

此书涉及面广，又因第一次综合与系统编写，如有不当之处恳请专家和广大读者批评指正。

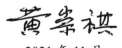

2021 年 11 月

于上海电缆研究所

前 言

　　超导输电，较之传统输电方式，具有容量大、损耗低、环境友好等特点，一直是能源及电力行业梦寐以求的前沿技术。自 20 世纪 80 年代陶瓷氧化物高温超导体被发现以来，高温超导材料制备工艺日益成熟，性能趋于稳定，生产成本显著降低，为其商业化应用奠定了坚实基础。21 世纪初，美国、日本、中国、德国、韩国等国家纷纷开展超导电缆示范工程建设，积累了丰富的实践经验。

　　着眼新材料、新装备，早在 2003 年上海就着手布局超导电缆相关产业，历经近二十年发展，在二代高温超导材料制备、冷绝缘超导电缆成缆装备等方面已走在全国前列，材料性能、装备能力和成缆技术达到国际先进水平。多年来国家电网有限公司在超导电缆的工程化应用方面开展了深入研究和示范应用，为超导电缆的工程化应用奠定了坚实的基础。

　　近年来，随着社会用电负荷不断上升，电网改造压力日益增大，尤其在城市高负荷密度区，面临着日益增加的用电需求、老旧设备供电能力不足、地下空间日趋紧张、电源点难以深入负荷中心等多重问题，亟需采用新技术、新方法开辟城市能源互联网发展的新道路。

　　在此背景下，上海 35kV 公里级国产化高温超导电缆工程孕育而生，工程坐落于上海市中心城区，环境复杂，施工难度为迄今国内外工程之最。投运后工程将通过长期商业化运行，全方位、多角度验证超导线路运行可靠性，积累自主技术实力并完善运维保障体系，这种大胆实践增强了对中国制造的信心。

　　本书不仅记录了该工程从无到有的全过程、获得的研究成果和积累的工程经验，同时也充分概括总结了二十多年来国内外在超导电缆及其相关领域的技术发展。全书共 7 章，分别为超导电力电缆概述、超导电缆在城市电网中的规划设计、超导电缆工程的应用系统设计、超导电缆工程的监测与监控系统设计、超导电缆工程的敷设与验收、超导电缆工程的运维与评价和超导技术在电力中的应用与展望。

　　本书可供从事超导材料、超导电缆、超导电工装备、制冷装备和超导输配电等领域的广大读者参考、学习，同时书中也难免有不当之处，敬请广大读者批评指正。

　　　　　　　　　　　　　　　　　　　　　　　　　　本书编写组
　　　　　　　　　　　　　　　　　　　　　　　　　　2021 年 11 月

目　录

第1章

超导电力电缆概述

超导技术在电力工业应用中，超导电力电缆（以下简称为超导电缆）是率先进入商业化运营的超导电力设备。本章首先回顾了超导材料的发展史以及其电力应用。其次，介绍了超导电缆及其系统的工作原理和基本结构，并详细介绍超导电缆技术的发展过程以及有影响力的超导电缆示范工程项目。

1.1 超导材料与电力应用

1.1.1 超导材料

超导材料，是指在特定的低温条件下呈现出电阻等于零的特性以及具备完全抗磁性的材料。1911 年，荷兰物理学家海克·卡麦林·昂尼斯（Heike Kamerlingh Onnes）首次在液氦温度（4.2K）以下从极纯的汞（Hg）上发现了超导现象，图 1－1 是昂尼斯当时获取的实验结果，温度低于 4.2K 的时候，汞样品的电阻突然急剧变小，几乎接近于零，因此 4.2K 被称为常导汞转变为超导贡的临界温度。

1933 年，德国物理学家华尔特·迈斯纳（Walther Meissner）和罗伯特·奥克森菲尔德（Robert Ochsenfeld）发现了超导材料的完全抗磁特性，通常叫迈斯纳（Meissner）效应。超导体在常导状态下，磁力线是可以穿过超导体内部的，如图 1－2（a）所示，但是在超导状态下，超导体的内部磁力线被排挤到体外，导致材料内部的磁场 B 始终保持为零，如图 1－2（b）所示。这种超导体特有现象的起因就是超导体表面产生的屏蔽电流由于零电阻特性可以一直不衰减，因此超导体表面分布着抵抗外部磁场的磁力线，这两种磁力线得到力平衡时，会发生磁悬浮现象，如图 1－3 所示。

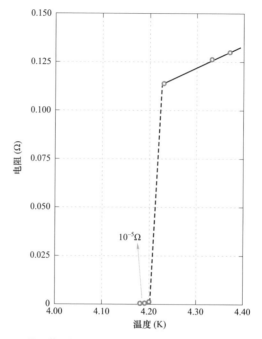

图1-1 昂尼斯对汞样品总结的电阻与温度变化的实验结果

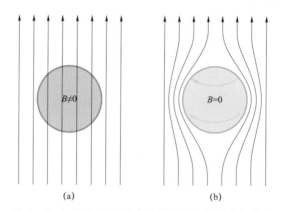

图1-2 常导态和超导态时超导体内部的磁场分布

（a）常导态时磁力线可穿过超导体；（b）超导态时超导体表面产生的屏蔽电流导致超导体内磁场为零

图1-3 迈斯纳效应与磁悬浮现象

下面回顾一下典型超导材料的演进史：

（1）1911 年，昂尼斯发现汞超导材料以后，陆续在铟（Ln）、锡（Sn）和铅（Pb）样品上也发现了超导特性，它们的临界温度分别为 3.4、3.7K 和 7.2K。

（2）1920 年，发现金属铌（Nb，9.5K）是超导材料后，许多铌合金超导材料相继问世，主要有铌钛合金（NbTi，11K）和铌锡合金（Nb_3Sn，18K）两种。1973 年，铌合金超导材料中迄今为止临界温度最高的铌锗合金（Nb_3Ge，23.2K）问世。

（3）1986 年，美国 IBM 公司研究中心的科学家 K·阿历克斯·缪乐（K.Alex Müller）和乔革·贝德诺治（J.Georg Bednorz）发现了临界温度为 35K 的一种稀土氧化物——镧钡铜氧化物（LaBaCuO）。此后短时间内超导材料的临界温度跨越了液氢温度 40K。

（4）1987 年，阿拉巴马大学亨茨维尔分校的吴茂昆团队，休斯顿大学的朱经武团队，以及中国科学家赵忠贤团队，发现了临界温度为 90K 的钇钡铜氧（YBaCuO，YBCO），这是首个临界温度高于液氮温度（77K）的超导材料。1987 年底，铋锶钙铜氧（BiSrCaCuO，BSCCO）和铊钡钙铜氧（TiBaCaCuO）又把超导材料临界温度的记录提高到了 110K 和 125K。其中，BSCCO 材料通常称为铋系第一代高温超导体；YBCO 材料称为稀土（Rare Earth，RE）系第二代高温超导体，和 GdBCO 等其他稀土材料，被统称为 REBCO。1986 到 1987 这一年多的时间里，超导临界温度提高了近 100K。从此，超导体制冷介质从液氢转变为液氮，引发了对新型高温超导材料的研究热潮。

（5）2001 年，二硼化镁（MgB_2）被发现具有超导特性，临界温度达到 39K，打破了非铜氧化物超导体的临界温度纪录。

（6）2008 年，人们又发现了一类新型的铁基超导材料（$LaFeAsO_{1-x}F_x$），其临界温度可达到 26K。这种材料通过非稀土元素的替换，临界温度可提高到 55K。

（7）2015 年，德国普朗克研究所的 V.Ksenofontov 和 S.I.Shylin 研究团队发现硫化氢（H_2S）在 130GPa 气压下，其临界温度为 203K（−70℃），创造了当时的超导温度纪录。

（8）2018 年，德国化学家 M.I.EREmets 和 A.P.Drozdov 等发现了在压力 170GPa、温度 250K（−23℃）下，十氢化镧（LaH_{10}）具有超导特性。

（9）2020 年，美国罗彻斯特大学的 Ranga Dias 教授团队发现了人们梦寐以求的常温超导体，由氢、碳和硫元素光化学合成的简单碳质硫氢化物（carbonaceous sulfur hydride，C—S—H）在一个金刚石压腔的 267GPa 极高压力下，临界温度提高到约 290K（15℃），这是目前最高临界温度的、唯一的常温超导体。

图 1-4 为 1911～2020 年发现的主要超导材料临界温度表。到目前为止，科学家们发现了数千万种的超导材料，在超导材料临界温度范围内，直接用于制冷的液体冷媒有液氦（He）、液氢（H$_2$）、液氮（N$_2$）及四氟甲烷（CF$_4$），考虑到液氢和四氟甲烷具有可燃、可爆性，一般采用液氦和液氮作为冷媒。

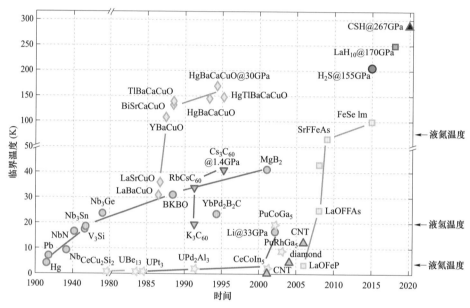

图 1-4　主要超导材料及其临界温度的演进史

通常，超导材料根据其临界温度分为低温超导线和高温超导线及带材两种。商业化运用较多的低温超导材料为铌钛（NbTi）合金和铌锡（Nb$_3$Sn）合金线；高温超导材料为铋系（BSCCO）第一代高温超导带材和稀土系（REBCO）第二代高温超导带材。低温超导线一般可在液氦温度为 4.2K 以下工作，由于高温超导带材可在液氮温度为 77K 以下工作，因此高温超导带材的工作温度范围更广。有趣的是，高温超导材料的"高温"与生活中熟悉的高温是截然不同的，其温度指的是约零下 200 度或以下，但是仍称为"高温"超导，其主要原因是要与低温超导材料的工作温度区分，是相对于低温超导材料命名的。在未来或许可以发现真正意义上的"高温"超导材料，它可能不需要制冷环境就能体现超导特性，即"室温"或"常温"超导材料，这也是正在研究超导材料和应用的很多科学家的终极梦想。

超导电力工业应用中，考虑到制冷成本，通常会选择液氮温区（66～77K），因此大部分超导电力设备（如超导电缆、超导限流器、超导变压器及超导电机等）均采用高温超导带材。

1.1.2　高温超导带材

按照临界温度分类,已商业化应用的高温超导材料主要有铁基超导线、MgB_2 线、第一代 BSCCO 带材及第二代 REBCO 带材。由于其较高的临界温度,BSCCO 带材和 REBCO 带材广泛应用于超导电缆等超导电力设备中。

BSCCO 带材,也称为第一代高温超导线,使用粉末套管法制成,即通过在套管中填入银基体后再经过拉拔、冷轧、热处理等工艺制造产生。根据不同的超导材料成分和热处理工艺,BSCCO 导线可分为 Bi−2223 带材和 Bi−2212 线材两种结构（见图 1−5）。Bi−2223 为亚稳相陶瓷材料,其机械性能较差。目前可商业生产 Bi−2223 的公司主要有日本住友电工和北京英纳超导。但由于其制造过程中需使用大量可透氧的贵金属银,因此 Bi−2223 的生产成本居高不下,难以大规模推广。Bi−2212 为稳定相陶瓷材料,成相条件比较宽松,圆形导线结构使其临界电流在磁场下呈现各向同性,外场下临界电流保有率更高,因此 Bi−2212 线材在低温高场下的性能要优于 Bi−2223 带材,应用空间更广阔。

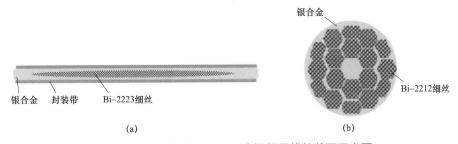

图 1−5　不同类型 BSCCO 高温超导线的截面示意图

（a）Bi−2223 带材；（b）Bi−2212 线材

REBCO 带材是第二代高温超导线,生产机理为在带状金属基底上生长可靠的 REBCO 薄膜,因此其也被称为 REBCO 涂层导体。REBCO 带材为扁平带状多层结构,不同公司因使用的技术路线不同,其制造的 REBCO 带材结构会有细微区别,但大体可分为基底层、缓冲层、超导层、保护层和上下稳定层。基底层多采用哈氏合金（Hastelloy）、不锈钢基带（Stain Steel）及镍合金基带（Ni alloy）等高强度合金材料。具体制备工艺主要有三种技术：轧制辅助双轴织构化（RABiTS）、脉冲激光沉积（PLD）和离子束辅助沉积（IBAD）,REBCO 带材的典型结构示意图如图 1−6 所示。目前生产 REBCO 带材的公司有上海超导科技（SSTC）、上海上创超导、苏州新材料、美国超导（AMSC）、美国 SuperPower、日本 Fujikuwa、韩国 SuNAM、德国 Theva 及俄罗斯 SuperOx 等。

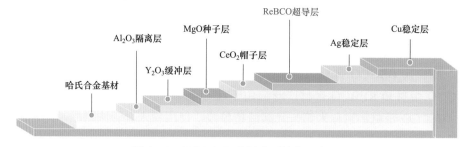

图1-6 REBCO 带材典型结构示意图

相比于第一代高温超导线，第二代高温超导线在临界温度仍保持在液氮温区的基础上，还具有更高的不可逆场，在强磁场下能保有更高的临界电流，载流能力更高，同时机械性能良好。此外，第一代高温超导线材制备中使用的银套管填充氧化物粉末法，会消耗大量贵金属银；而第二代高温超导带材在生产制造过程中，不需要消耗大量贵金属，原材料成本显著降低，并且随着制备工艺的发展进步，其价格正快速下降。因此，近些年来，国际上高温超导应用的材料选择逐渐集中到了第二代高温超导带材上，已成为未来高温超导应用研发中最主要的超导材料，具有广阔的应用前景和发展潜力。

1.1.3 超导电力应用

超导技术与电力技术的结合将给电力行业的发、输、配电带来革命性的改变，电力行业是超导技术最重要的应用场景与市场之一。超导电力技术的应用不仅可以明显改善电能质量，提高电力系统运行的可靠性和稳定性，降低电压等级，提高电网的安全性，而且还可以大大提高单机容量和电网输送容量，并大大降低电网的损耗。不仅如此，通过超导储能还可大大改善可再生能源的电能质量，并使其与大电网有效地联结。

（1）超导电力电缆。现有电缆的扩容问题一直限制着城市电网的发展。传统的城市地下输电电缆存在着容量小、损耗大、对土壤和地下水有热污染、土建费用高等问题，叠加城市地下资源紧张的现状，导致城市电网扩容越来越困难。高温超导电缆具有体积小、电能密度高、高节能、无污染等优点，经济效益和环保效益好，可有效替代传统电缆。

高温超导电缆的大规模应用能够极大地提高电力输电系统的运行效率，降低运行成本。目前国际上高温超导电缆的总体发展趋势是研制大容量、低交流损耗的超长高温超导电缆。经过多年的超导电缆技术的积累和发展，高温超导电缆率先实现了实用化和商业化应用。

（2）超导限流器。限流器（Fault Current Limiter，FCL）是一种提高电网稳定性的电力设备。随着社会的发展，对电网的质量要求越来越高，而传统的限流器很难在短时间内对电网的脉冲电流起到限制作用。高温超导限流器正好弥补了传统限流器的缺点，其限流时间可小于百微秒级，能快速和有效地起到限流作用。超导限流器是利用超导体的超导态 – 常态转变的物理特性来达到限流要求，它集合了检测、触发和限流于一身，被认为是当前最好的而且也是唯一的行之有效的短路故障限流装置。1989 年以来，美国、德国、法国、瑞士、日本和中国等都相继开展了高温超导限流器的研究。当前，国际上适用配电系统的高温超导限流器已步入示范应用阶段。

（3）超导电机。电机是最常用的电气设备之一，但传统电机耗电量极大。美国工业界专家估计，1k 马力以上的工业用电机大约要消耗美国能源的 25%。与常规电机相比，超导电机具有节能性好、体积小、单机容量大及运营成本低、稳定性能好等优点，具有很好的经济效益和环保效益。

（4）超导变压器。常规变压器有许多缺点，如负载损耗高、质量和尺寸大、过负载能力低、没有限流能力、产生油污染及寿命短等。相比较而言，超导变压器体积小、质量轻、电压转换能量效率高、火灾环境事故概率低、无油污染等优点，在提高电力系统的可靠性和运行性能、节约能源、保护环境等方面有着重要的现实意义。但是，由于超导线圈在交变磁场下的较大交流损耗，很难满足整机的制冷效率，因此现阶段对超导变压器的研究进展十分缓慢。

（5）超导储能装置。超导储能装置是利用超导线圈将电磁能直接储存起来，需要时再将电磁能返回电网或其他负荷的一种电力设施。由于储能线圈由超导线绕制且维持在超导态，其所储能量几乎可以无损耗地永久储存，直到被释放。超导储能装置不仅可用于调节电力系统的峰谷或解决电网瞬间断电对用电设备的影响，而且可用于降低或消除电网的低频功率震荡从而改善电网的电压和频率特性，同时还可用于无功和功率因数的调节以改善电力系统的稳定性。

1.2　超导电缆及系统

1.2.1　超导电缆介绍

超导电缆通常采用一层或多层第一代或第二代高温超导带材，缠绕在柔性中心支撑芯上，一般为空心波纹管或铜绞线。这些超导带材组成了超导电缆的导体层（Conductor Layer），主要作用是传输工作电流。导体层外层是绝缘层，一般采用聚丙烯层压纸（Poly Propylene Laminated Paper，PPLP）。PPLP 是一种非常好的电介质材料，能够在低温下工作。除此之外，PPLP 是一种良好的热导体，也有助于迅速将热量从超导层中带到电缆外部。绝缘层外分别是屏蔽层或其他相超导导体层、液氮流动空间、多层热绝缘的圆柱形真空低温恒温器和外部保护套。

上述超导电缆各组成部分的功能如下：

（1）铜绞线支撑。除了缠绕超导带材形成导体层的中心骨架作用外，当超导电缆处于故障状态时，电缆的中心铜支撑可分担一定的过载电流，以防止超导电缆导体层的烧毁。

（2）导体层。导体层主要传输工作电流，多层的导体结构可增加电流承载能力。

（3）绝缘层。能在低温环境下承受高电压，保证高压下顺利传输电流。

（4）屏蔽层。屏蔽层具有完全磁屏蔽功能，防止电磁场泄漏在超导电缆外部。

（5）低温冷却剂。维持超导电缆的工作温度，以使其在临界温度以下运行。

（6）低温真空恒温器。恒温器的内部将保持真空状态，给低温环境提供绝热条件，防止热泄漏。

（7）外护套。防止低温真空恒温器表面的破损、腐蚀，维持恒温器内部的高真空度，确保超导电缆的正常工作温度。

高温超导电缆系统一般用液氮（LN_2，65～77K）作为制冷剂，在低温恒温器内循环。低温恒温器必须要承受液氮循环和液氮汽化所产生的压力。超导电缆使用的材料具有非常小的热系数。由于室温和低温之间的较大温差，因此超导电缆容易受到热膨胀、热收缩的影响。在室温和最高工作温度（370K）之间，常规电力电缆的热膨胀率约为 0.1%。然而，超导电缆的热收缩在室温和液氮工作温度（70K）之间约为 0.3%。对大于 1km 的超导电缆，有必要对其热收缩进行仔细分析和控制。否则，会产生较大的收缩力，对超导电缆及其接头和终端造成不可弥补的损坏。

1.2.2　超导电缆的分类

超导电缆的分类方式大致分为以下三种：① 按电气绝缘方式可分为热绝缘（Warm Dielectric，WD）和冷绝缘（Cold Dielectric，CD）超导电缆；② 按电力传输方式可分为交流和直流超导电缆；③ 按电缆结构可分为单相（Single-phase）型、三相同轴（Tri-axial）型及三相统包（Three-in-one）型超导电缆。

热绝缘超导电缆的绝缘层结构和材料与常规电力电缆相同，都是使用交联聚乙烯复合绝缘材料（XLPE），而冷绝缘超导电缆的电气绝缘层浸泡在液氮低温环境下，一般采用液氮环境下耐电压特性优越的 PPLP 作为绝缘材料。热绝缘结构是超导电缆技术早期提出来的，随着超导技术的发展和冷绝缘结构的优越性，目前所有的示范工程采用的都是冷绝缘超导电缆。

　　由于直流超导电缆只有两个电极（正和负、正和零），因此直流超导电缆一般采用单相型结构。根据电压等级和电流容量，直流超导电缆的尺寸与交流电缆会有差异，但是其单相结构与交流超导电缆基本相同。

　　三种不同的高温超导电缆结构如图 1-7 所示，图 1-7（a）为单相型，单相导体在一个低温恒温器中，这类电缆结构通常用于高电压等级（110kV）；图 1-7（b）为三相同轴型，三相导体层以同心圆方式绕在一个中心支撑物上，

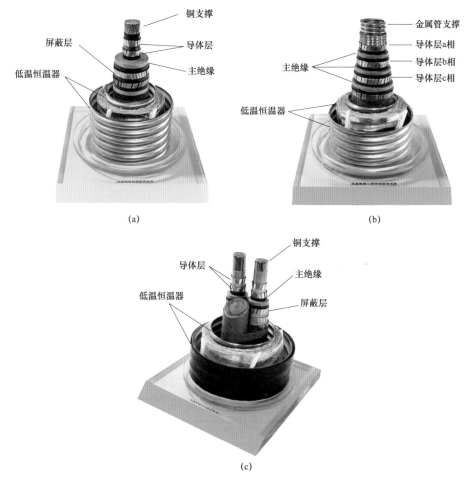

图 1-7　三种不同的高温超导电缆结构

（a）单相型；（b）三相同轴型；（c）三相统包型

包含在一个低温恒温器中，已应用于额定电压 10kV 的商业化超导电缆系统中；图 1-7（c）为三相统包型，三个独立的单相导体在一个低温恒温器内，这种结构建议用于 66kV 以下的电压等级。

三相同轴型是最紧凑的超导电缆结构，各相之间都有一个 PPLP 绝缘层，绝缘层也浸泡在循环液氮冷却通道中。当各导体层的电流相位差为 120°时，电缆外部的电磁场为零，大大减小了电缆外的杂散场。由于三相同轴型结构不需要超导屏蔽层，因此相比于其他两种电缆结构可减少 50%的超导带材，节省了大量的资金成本，但是其损耗率也因此上升，给制冷系统增加负担。

1.2.3　超导电缆系统的构成

与常规电力电缆系统相比，超导电缆系统复杂很多，除了超导电缆本体外，还有电缆终端、电缆中间接头、冷却循环系统及监控保护系统等组成部分。超导电缆示范工程的系统构成示意图如图 1-8 所示。

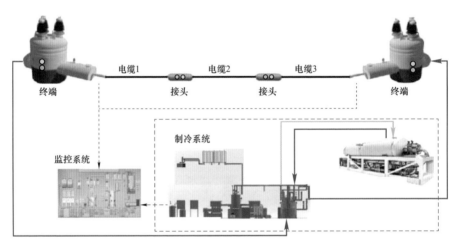

图 1-8　超导电缆示范工程的系统构成示意图

⟶ 液氮回路；　● 温度传感器；　● 压力传感器

（1）电缆终端。电缆终端作为电缆端头，是超导与外部电气设备之间以及冷却介质和制冷设备之间的连接通道，担负着温度和电势过渡。既要保证缆芯与常规导体低电阻连接，维持相间与对地良好的电气绝缘，又要承受系统和周围环境温度梯度，并实现真空隔离。高温超导电缆的终端如图 1-9 所示。终端的设计和制造除了电气连接、绝缘性能外，还需抑制漏热，并满足国家标准常规电缆终端性能指标要求。

终端引线焦耳热损耗和导体传热损耗在电缆系统中占有很大比例，尤其是对高载流超导电缆而言。电流引线实际上是电缆终端的最大热源，其优化设计对超导电缆终端是至关重要的。为了尽可能减少终端热损耗，也可考虑采用终端保温套，以阻碍由环境温度带来的热量传递到高温超导电缆内部。终端保温套的绝热采用低真空方式，由内管、中间的真空、超级绝热材料和外管组成。采用真空绝热技术可以将终端损耗降低至最低水平。

图 1-9　高温超导电缆的终端

（2）电缆中间接头。超导电缆接头类似于常规电缆接头，功能是保证多个电缆间的连续性。一个典型的超导电缆接头包含导体、低温恒温器和绝缘三个主要部件。导体一般使用铜材料，并与超导带材进行焊接，保证电气连接。接头的低温恒温器为两个分开的超导电缆提供液氮的自由流动路径，其真空层可减少超导接头部位的热泄漏。

电缆接头同样担负着电缆芯之间的低电阻连接，维持相间与对地良好的电气绝缘，又要承受系统和周围环境温度梯度，并实现真空隔离。高温超导电缆的中间接头如图 1-10 所示。

图 1-10　高温超导电缆的中间接头

（3）冷却循环系统。冷却循环系统由制冷机、液氮泵、过冷箱、液氮储罐、循环回路及备用机组等部件组成，图 1-11 显示了其基本组成。电缆冷却的基本原理是利用过冷液氮吸热，将运行过程中产生热负荷带到冷却装置，通过制冷机冷却后再将过冷液氮送到电缆冷却通道中，形成闭合回路，从而达到保持电缆超导态运行所需的温度、液氮冷却压力和流速要求。

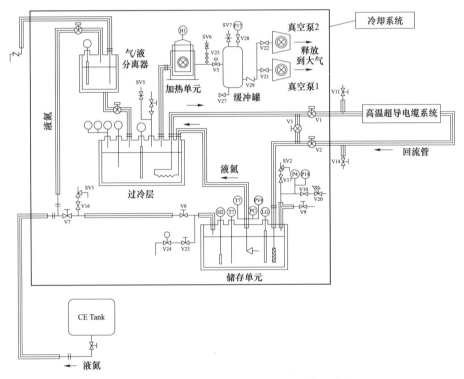

图 1-11　超导电缆系统的冷却循环系统示意图

在超导电缆工程成本中，冷却系统占相当大的比重。通过各种办法降低循环冷却系统的热负荷对降低超导电缆工程建设成本有着重要的意义。同时，电网对电力设备的可靠性有着近于苛刻的要求。作为应用于电网的设备，超导电缆必须具有很高的系统可靠性，而决定超导电缆系统可靠性的最重要因素就是其循环冷却系统的运行稳定性和可靠性。

（4）监控与保护系统。监控与保护系统用于实时监测超导电缆硬件和系统状态。当电缆本体、电缆终端、低温系统发生问题时，通过故障判断，将信息传输给控制中心，为应对方案的确定提供依据；同时，为超导电缆提供必要的保护，避免电缆经受长时间过电流的影响。

1.3 高温超导电缆的研究现状

高温超导电缆技术的研究与开发向产业化发展，目前已有多个长距离高温超导电缆挂网运行，主要集中于美国、日本、韩国和德国。已投运的最长高温超导电缆位于德国埃森（Essen）市，全长约为 1km，采用第一代超导材料 BSCCO 制成。国际上关于高温超导电缆的研究，大体可分为探索性研究、关键技术攻关、示范工程建设及商业化应用 4 个阶段。

第一阶段：高温超导电缆探索性研究。从 20 世纪 80 年代开始，随着第一代高温超导带材技术的发展，开始出现对高温超导电缆的研究，包括超导电缆结构的研究（热绝缘结构、冷绝缘结构、三相同轴结构、三相统包结构等）、超导电缆传输特性研究、超导电缆电气性能研究等。

第二阶段：冷绝缘等关键技术攻关。1999 年底，美国 Southwire 开发研制的 30m/3 相/12.5kV 冷绝缘高温超导电缆并网运行，标志着高温超导技术实用化迈出坚实一步。其后，日本、韩国、德国等也都纷纷投入到冷绝缘高温超导电缆的研究中。国内上海电缆研究所于 2003 年开始进行冷绝缘高温超导电缆的研究。

第三阶段：超导电缆示范工程建设。进入 21 世纪，世界各国开始积极推进高温超导电缆示范性工程项目建设。据不完全统计，目前国际上百米级以上的成功挂网示范运行的高温超导电缆项目如表 1-1 所示。

表 1-1　　　　　　　全球高温超导电缆示范工程项目一览表

国家	年份	承建商	项目选址	关键参数
韩国	2004	韩国电力公司	高敞郡，Gochang	100m（22.9kV/1.25kA）
日本	2004	古河电工	横须贺市，Yokosuka	500m（77kV/1kA）
美国	2006	Superpower	奥尔巴尼市，Albany	350m（34.5kV/0.8kA）
美国	2006	Ultera	哥伦布市，Columbus	200m（13kV/3kA）
日本	2007	东京电力、住友电工	横滨市，Yokohama	240m（66kV/2kA）
美国	2007	AMSC、Nexans	长岛市，Long Island	600m（138kV/3kA）
韩国	2008	韩国电力公司、LS 电缆	利川市，Icheon	400m（22.9kV/1.25kA）
韩国	2014	韩国电力公司、LS 电缆	济州岛，Jeju Island	500m（80kV/6.25kA）
德国	2014	德国 RWE、Nexans	埃森市，Essen	1000m（10kV/2.3kA）

第四阶段：高温超导电缆商业化应用。目前，国际上关于高温超导电缆的发展正受到越来越多的关注，美国、日本、韩国等国家都在积极开展关于高温超导电缆的相关产品研发和示范运行研究等工作。国际大电网也将超导电缆的相关工作提上议事日程。国际上正在计划开展超导电缆大规模商业化应用的国家包括：美国 AMSC 已经正式启动将三大电网实现完全互联和可再生能源发电并网的"Tres Amigas 超级变电站"项目，采用高压直流输电技术实现电网互联，该项目将建成一个占地 58km^2、呈三角形互联的可再生能源市场枢纽。韩国正在推动现有电力传输网采用高温超导电缆的进程，预计在未来五年内将实现 50km 高温超导电缆在实际电网中的使用。

此外，日本、德国、荷兰和丹麦等国家也正在积极运筹本国的超导电缆规划，构建超导电缆输电网络。

1.3.1 美国示范工程

1.3.1.1 "Albany"（奥尔巴尼）示范工程（34.5kV，0.8kA/350m）

该项目主要内容为设计、建造、安装两个变电站之间地下高温超导电缆，并验证其技术可行性，如图 1-12 所示。主要目标是建立一个高温超导电缆系统，并投入运行，以验证商业化可行性及解决实际运行中的安装、维护、可靠性和兼容性等问题。

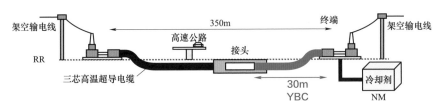

图 1-12 Albany 示范工程的敷设示意图

该项目主要参与单位包括：① 美国 Superpower 公司，负责项目总体规划和实施，同时提供第二代高温超导带材；② 美国 BOC 集团，负责循环冷却系统的设计和制造；③ 日本住友电工（SEI），负责大部分超导带材（第一代高温超导带材）及电缆和终端的制造；④ 纽约州能源研究管理局，负责投入配套资金；⑤ 美国国家电网公司，负责提供安装、运行场所。

该项目从 2002 年启动，2006 年实现第一期投运。电缆采用了三相统包型结构，两根 320m 和 30m 电缆均使用第一代高温超导带材，两部分通过位于隧道中的电缆接头连接。由于第二代高温超导带材固有的成本和性能特性，未来商业价值较高，因此，在该项目第二阶段的工作中，一期中所使用的 30m 电缆被替换为第二代高温超导电缆，并于 2008 年实现二期运行。Albany 示范工程现场如图 1−13 所示。

图 1−13 Albany 示范工程现场

该项目的制冷系统实现了开放、闭合循环以及混合使用三种模式组合，可以利用大量液氮作为储备，具有可靠性高，投入低，占地小，灵活的即插即用能力和良好的效率等优势。冷却循环系统示意图如图 1−14 所示。主冷却系统采用闭式循环机械循环制冷（制冷机），77K 和 70K 温度下提供容量 5kW 和 3.7kW，正常运行温度为 67～77K，过冷液氮工作压力为 1～5bar，冷却回路流量为 30～50lpm。

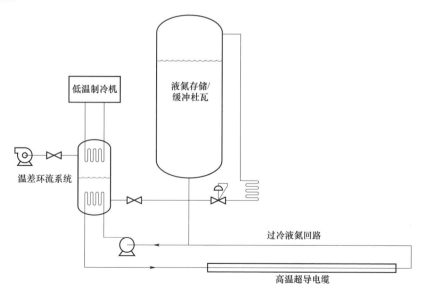

图 1−14 冷却循环系统示意图

该项目于 2009 年底完成，是世界上第二代高温超导带材首次应用于挂网运行的电力设备，同时也应用了电缆接头和超导电缆远程监控系统。

1.3.1.2　"LIPA"（长岛电力公司）示范工程（138kV，2.4kA/600m）

该项目主要内容为设计、开发、展示第一条长距离、高电压等级、冷绝缘的高温超导电缆。该高温超导电缆于 2008 年 4 月成功投入 LIPA（Long Island Power Authority，长岛电力公司）电网运行。

该电缆起于霍尔布鲁克变电站（Holbrook Substation），向北延伸 600m 后止于一个新的变电站。这座新的变电站装有冷却系统、液氮储存系统以及控制装置。该线路的电能从原有的 138 kV 架空电路中获取，并将该架空线路保持并联运行作为备用。图 1–15 LIPA 为示范工程的敷设线路示意图。

该项目是由美国能源部和工业界之间合作开展的一项超导合作计划，美国超导公司（American Superconducting Corporation，AMSC）是高温超导带材的主要承包商和制造商；耐克森公司（Nexans）进行电缆和低温恒温器的设计、开发和制造；法液空公司（Air Liquide）提供低温冷却系统设计指导意见；LIPA 提供电缆安装场地、土建工程、控制和保护、电能传输规划和负责高温超导电缆的运行。

图 1–15　LIPA 示范工程敷设线路示意图

LIPA 项目中使用的电缆是单相型结构，为了验证超导电缆的综合工艺，Nexans 制造并测试了一根长 30m 的电缆样品和两个全尺寸终端，如图 1–16 所示。LIPA 项目中用到的超导线是由 AMSC 于 2005 年生产的第一代 BSCCO 高温超导带材，并随后被运往挪威哈尔登的 Nexans 工厂。Nexans 使用传统电缆制造所用的机器制造超导电缆和电缆芯线，于 2006 年制备完成。而低温恒温器在德国汉诺威制造完成，并与电缆进行了集成安装。

图 1-16　30m 超导电缆样品的测试现场

该项目使用的制冷系统是基于为 DOE/Edison 项目设计的制冷系统，采用涡轮—布雷顿循环（Turbo-Brayton cycle）。由于 LIPA 项目和 DOE/Edison 项目中涉及的电缆系统规格不同，需要对原有制冷系统进行两处改造，使其适用于该项目。第一个是总制冷量，从 4.3kW 提高到 5.6kW。第二个是加压系统，用于在故障事件期间释放或补偿液氮的体积变化。

2007 年美国能源部开启了新的超导电力设备（SPE）计划，作为 LIPA 项目的第二阶段（LIPA Ⅱ）。LIPA Ⅱ 的目标是开发和安装使用 AMSC 第二代高温超导材料。除了更换电缆的单相导体外，该项目还致力于解决其他问题。例如，对电缆导体的热收缩进行整体管理、优化低温恒温器设计以减轻电缆潜在问题的影响，以及在公用电网和模块化高效制冷系统中实现超导电缆的现场连接。

1.3.1.3　"Columbus"（哥伦布）示范工程（13.2kV，3kA/200m）

该示范工程旨在电网中首次应用三相同轴结构的高温超导电缆，以证明其运行的可靠性和稳定性。首先，工程致力于研究三相同轴型高温超导电缆的设计并对一个 5m 长的样品进行了相关测试。除超导电缆本体制造外，尝试搭建、定制了冷却系统等其他系统部件。Columbus 示范工程的高温超导电缆及其冷却系统如图 1-17 所示。

该项目主要参与单位包括美国橡树岭国家实验室（ORNL），隶属于美国能源部（DOE）超导工业伙伴关系项目的丹麦 Ultera 实验室及俄亥俄州哥伦布市。ORNL 负责开发三相同轴型超导电缆，以支持 ORNL 和 Ultera 之间的联合项目。

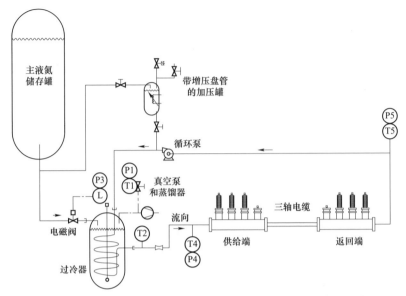

图 1-17　Columbus 示范工程的高温超导电缆及其冷却系统

　　该项目由于电缆终端和低温恒温器的热负荷泄漏，冷却系统的空载热负荷功率约为 2kW。液氮从入口到出口的温升约为 3K。因此当电缆满载时，冷却系统的热负荷将达到 3.0～3.5kW。2006 年 8 月，示范工程落地安装在俄亥俄州哥伦布市的美国电力公司的一处变电站并投入运行。

　　该工程是世界上首条 13.2kV 三相同轴型高温超导电缆并网工程，其综合性能得到了实验验证。

1.3.2　日本示范工程

1.3.2.1　日本"Yokosuka"（横须贺）示范工程（77kV，1kA/500m）

　　该试验项目是超导交流电力设备基础技术研究与开发项目的一部分，目标是研究长距离超导电缆的冷却特性和液氮循环，使用 500m 长的高温超导电缆进行演示和验证试验，以建立长距离冷却技术、电缆制造和运行技术。用于示范试验的 500m 高温超导电缆和制冷系统的敷设示意图（见图 1-18）。电缆采用了单相型结构，自 2004 年 3 月起在中环工业大学横须贺实验室进行为期 1 年的测试。为了模拟实际电缆的敷设工况，布置包括两个半径为 5m 的弯曲段、一个地下敷设段和一个 10m 的上升段和下降段。进行长期（电压和电流）负荷试验和液氮冷却试验。

　　古河电工负责电缆的设计、制造和安装，并进一步建造了冷却系统。电力工业中央研究所（CRIEPI）与古河电工（Furukawa electric）在横须贺（Yokosuka）

现场合作进行了验证试验。

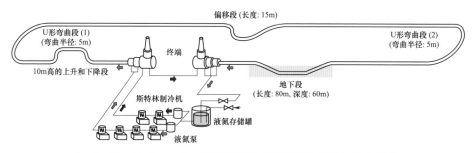

图 1-18　Yokosuka 示范工程的高温超导电缆及其冷却系统

该电缆为 77kV/1kA 单芯电缆，采用液氮浸渍纸绝缘。电缆的制造和安装于 2003 年 11 月完成。在 2004 年 3 月~2005 年 3 月这一年的时间内对该电缆进行了各种验证性试验，研究系统相关特性。

1.3.2.2　日本"Yokohama"（横滨）示范工程（66kV，2kA/240m）

该项目的目标是在实际电网中运行 66 kV、200 MVA 高温超导电缆，以证明其运行的可靠性和稳定性，同时研究高温超导电缆对现有常规电网及设施的影响。除高温超导电缆外，还安装了其他系统部件，如监控系统、报警系统和开关系统。如图 1-19 所示为高温超导电缆系统组件示意图。

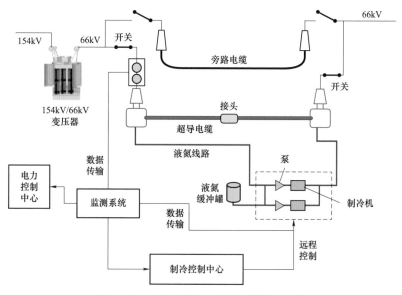

图 1-19　高温超导电缆系统组件示意图

该项目主要参与单位包括：日本经济产业省（METI）以及新能源和工业技术发展组织（NEDO）为项目提供支持；东京电力公司提供超导电缆敷设运行场

地；住友电工（SEI）设计和制造高温超导电缆、终端和接头；Mayekawa 制造有限公司提供了冷却循环系统。

该项目于 2007 年启动，采用的是三相统包型结构，该结构提供了大电流容量，降低了传输损耗，并提供了承受短路电流的能力。2009 年，制造了 30m 长的电缆系统来验证设计，并成功完成了测试。2011 年超导电缆和冷却循环系统成功安装到朝日（Asahi）变电站，随后对高温超导电缆和冷却系统进行了性能测试。在完成了系统的竣工试验和性能试验后，于 2012 年 10 月开始并网运行。

该工程的超导电缆系统的布局如图 1-20 所示，两根高温超导电缆通过中间接头相互连接，高温超导电缆的总长度为 240m。高温超导电缆连接在变压器低压侧和 66kV 母线之间，高温超导电缆两侧配有断路器和线路开关。另一个线路开关并联在高温超导电缆上，形成一个旁路电路，以备紧急使用。

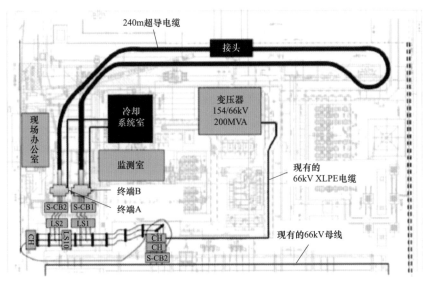

图 1-20 Yohohama 示范工程的超导电缆系统的布局

图 1-21 是 Yokohama 示范工程的冷却循环系统的结构及流程图，采用了温度 77K 下制冷容量为 1kW 的斯特林（Stirling）制冷机，制冷机台数确定为 6 台，包括 1 台备用机。为了降低斯特林制冷机换热器的压力损失，6 台制冷机平均布置在三条平行线上。因此，在相同的总流量下，压力损失将减少一半左右，并且通过现有管路中增加另一条制冷管路来增加制冷量，该方法为之后电缆系统的实际应用提供了一条重要思路。在该系统中，两台液氮泵同时并联，交替驱动一段时间。在对每个部件进行维护或维修时，该冷却系统的设计目的是在不关闭整个系统的情况下独立拆除每个制冷机或液氮泵。在本工程中，系统的液

氮容积约为 10kL，蓄水池通过温度波动吸收其体积变化。该项目是日本首个高温超导电缆并网项目，对高温超导电缆的综合性能进行了实验验证。

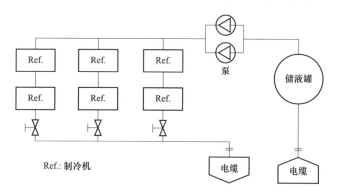

图 1-21 冷却循环系统的结构及流程图

1.3.3 韩国的示范工程

1.3.3.1 "Gochang"（高敞郡）示范工程（22.9kV，1.25kA/100m）

该示范工程的目标是研究高温超导电缆系统的性能，同时评估其技术和经济可行性。该电缆系统安装在韩国高敞郡实验基地。图 1-22 展示了 Gochang 示范工程超导电缆系统的敷设图，包含电缆本体、电缆终端和冷却循环系统等。

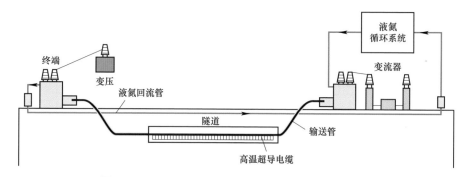

图 1-22 Gochang 示范工程超导电缆系统敷设图

该项目的主要参与单位包括：韩国电力公司（KEPCO）是该项目的主要负责机构，提供试验场地，敷设整个电缆系统，并进行了长期运行试验，主管整个电缆项目的进程；日本住友电工（SEI）负责整个高温超导电缆系统（包括电缆、冷却系统、终端等）的制造和安装；韩国基础科学研究所为冷却系统的运行提供支持；韩国全南大学负责开展交流损耗的研究；韩国全北大学负责过流现象的研究；韩国忠北科技大学负责开发高温超导电缆的实用线路互联技术。

该项目于 2004 年启动，超导电缆采用三相统包型结构。截至 2004 年 10 月，高温超导电缆系统的所有基础设施均已建成，并在安装电缆系统前对电缆短样进行了相关基础试验。2006 年，该系统成功安装在韩国高敞郡实验基地。随后，对该电缆系统进行了超过 9000h 的长期试验，对其多项性能进行测试。在此运行期间未发现重大故障。

从该项目高温超导电缆敷设图可以看到，超导电缆被安装在隧道内，并在其两端安装电缆终端。循环冷却系统置于电缆旁边，并与电缆终端相连。液氮可从一个终端流向另一个终端，将系统温度维持在 77K 以下，并通过与高温超导电缆平行的管道返回到冷却站。

该项目的冷却循环系统为开环循环冷却系统（见图 1-23），能够为高温超导系统提供高达 3kW 的冷却能力。根据操作需要，该系统能够使液氮温度保持在 66～77K。液氮从循环泵经过冷器中的换热器、供应管、北终端、高温超导电缆、南终端，最终通过回流管回流至储液罐装置。安装在低温室外的液氮储存罐容量为 5t，并且每 2～3d 进行一次加注。

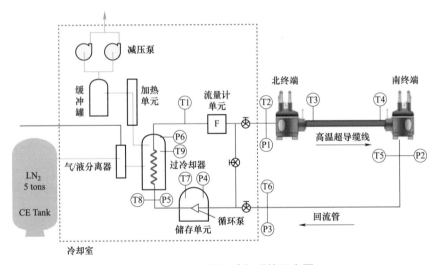

图 1-23　开环循环冷却系统示意图

该项目是全球第一个以商业化模式进行的超导电流试验项目，为超导电缆商业化应用提供了参考。

1.3.3.2 "Icheon"（利川）示范工程（22.9kV，1.25kA/410m）

该项目的目标是实现高温超导电缆在韩国电网中的并网运行，图 1-24 所示为该项目电缆系统敷设示意图。此高温超导电缆使用了第二代高温超导带材，结构是三相统包型，其中的高温超导带材由美国超导公司（AMSC）

提供。该电缆设计能够承受 25kA/500ms 的故障电流，以 PPLP 作为电气主绝缘材料。

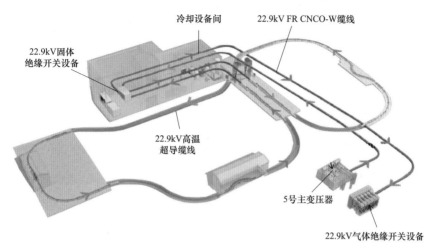

图 1-24　Icheon 项目超导电缆系统敷设图

该项目的主要参与单位包括：韩国电力公司（KEPCO）为高温超导电缆、电网保护系统及电缆运行提供了最佳场所；韩国 LS 电缆公司（LS cable）负责硬件设施的设计和制造，包括电缆、电缆终端、接线盒、制冷系统及电缆系统的现场安装。

该项目于 2008 年启动，2010 年底完成了 22.9kV，1.25kA/410m 高温超导电缆的安装。随后，对该电缆进行了直流耐压试验、直流临界电流试验和热损失测量等试验项目。该超导电缆于 2011 年 8 月 19 日在利川变电站挂网运行。

该项目的冷却系统由过冷器、减压泵、阀箱、液氮泵、储液罐和气液分离器组成。为保证冷却系统连续运行，避免意外故障的发生，减压泵、过冷器和液氮泵采用了双联系统。图 1-25 为冷却循环系统的现场布置照片。额定运行情况下，该冷却系统的制冷能力设计为 4.6kW。无电流情况下的热负载和额定电流情况下的交流损耗值为 1.23kW 和 1.47kW。为提供足够的安全裕量，本冷却系统总的制冷能力设计为 10kW，实测为 7.5kW。

1.3.3.3　"Jeju Island"（济州岛）示范工程（直流±80kV，500MW/500m）

该项目的目标是实现高电压直流超导电缆的并网运行，与高温超导交流电缆相比，高温超导直流电缆几乎没有损耗，因此将来高温超导直流电缆将在电力传输系统中发挥重要作用。自 2015 年起，该超导直流电缆开始在济州岛并网，双回路运行。图 1-26 为济州岛直流和交流电缆并网规划图。

图 1-25 冷却循环系统现场布置图

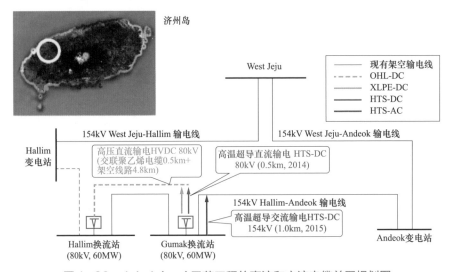

图 1-26 Jeju Island 示范工程的直流和交流电缆并网规划图

该项目的主要参与方包括：该项目由韩国电力公司（KEPCO）发起，且 KEPCO 负责超导电缆实际并网运行；韩国 LS 电缆公司负责超导电缆及系统的设计，制造及敷设。

自 2011 年起，KEPCO 和韩国 LS 电缆公司就已经开始了高温超导直流电缆的研究。在实现长距离超导直流电缆并网之前，该项目首先制造了一个电缆系统原型，用以完成性能检测。2013 年 3 月，该电缆系统模型的相关性能检测完成。随后在 2014 年底，长度为 500 m 的高温超导直流电缆成功制造并安装在济州岛超导中心，于 2015 年实现并网运行。

图 1-27 为超导直流电缆系统的循环冷却系统示意图，该项目的冷却系统为

闭环冷却系统，总损耗设计为 6.5kW，采用斯特林制冷机（4kW）进行制冷。该冷却系统能够容纳 1.4kL 液氮，有两个液氮循环泵以及用于维护的旁路管道。此外，为了滤除杂质，冷却系统的入口和出口处均安装有过滤装置。该项目完成了全球首个 80kV 直流超导电缆的性能测试，积累了直流电缆制造和操作运行经验。

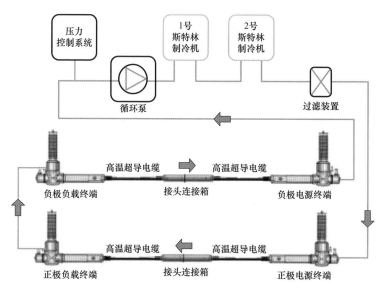

图 1-27　超导直流电缆系统的循环冷却系统示意图

1.3.4　德国示范工程

2014 年 4 月，AmpaCity 电缆示范工程（10kV，2kA/1000m）成功将世界上首条公里级高温超导电缆应用在德国电网中。这个工程的目的是通过变电站与有多余容量的变电站的相互连接，增加变电站容量，满足变电站的实际需求。

在这项目的早期阶段，工程研究团队进行了可行性基础研究。研究发现，如果使用 10kV 的电缆，市区中的 110kV/10kV 变电站约 40%可以被拆除。但是，传统的 10kV 电缆由于其布线要求高且运行损耗大，算不上是较好的选择。相较之下，10 kV 高温超导电缆具有十分明显的优点，与传统电缆相比，高温超导电缆能够在更简单的电网结构下运行，同时也只需要更少的电缆布线空间和更小的设备安装区域。此外，从建造以及运行总成本的角度看，采用 10 kV 高温超导电缆系统的电网也要比采用传统 110 kV 系统的电网更低。总而言之，与传统高压电缆相比，在城市中心使用超导电缆进行大规模电力传输具有技术和经济上的优势。

基于这项研究，REW、Nexans 和 KIT 开启了一项示范工程：在 Essen 市中心安装一条 1km 长的 10kV 高温超导电缆，连接 Herkules 和 Dellbrugge 两个变电站，从技术和经济角度来展现高温超导电缆技术在电网中的应用。该项目被命名为"AmpaCity"。Dellbrugge 变电站位于埃森市中心，靠近主要步行商业街和主要火车站，而带有室外开关站的 Herkules 变电站距离市中心较远。超导故障限流器和制冷系统将被安装在了 Herkules，以最大程度减少 Dellbrugge 变电站的占地面积。图 1-28 为工程敷设线路图。

图 1-28　AmpaCity 示范工程敷设线路图

如图 1-29 所示，有两种方法可以用来扩大 Dellbrugge 变电站的电力需求。图 1-29（a）为常规电缆方案，其中 110kV 常规电缆将远程电网的电力传输到 Dellbrugge 变电站，以满足电力扩容需求。但是，为了满足现有 Dellbrugge 变电站电力容量的增长，市区需要安装一个新的 110kV/10kV 变压器。或者如图 1-29（b）

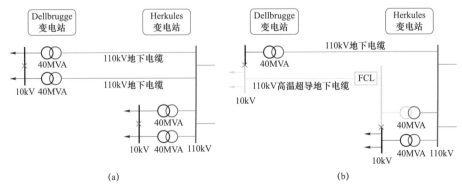

（a）　　　　　　　　　　　　　　（b）

图 1-29　AmpaCity 示范工程的电网配置

（a）常规电缆解决方案的安装；（b）超导电缆解决方案的替代安装

所示，采用超导电缆解决方案。10kV 超导电缆将 Herkules 变电站（有多余容量的变电站）的电力传输到 Dellbrugge 变电站，这样可以避免安装一个新的110kV/10kV 变压器。

在该示范工程中，RWE 负责高温超导电缆输电系统的细则参数设计、电缆测试的地点和电缆输电系统的投运；Nexans 负责高温超导电缆输电系统和故障限流器的开发、测试和制造；卡尔斯鲁厄理工学院（KIT）负责依据高温超导材料的典型特性以及相关测试结果来开发用于电缆输电的高温超导导体，同时还负责建立三相同轴型电缆交流损耗的仿真模型，以及搭建一个实验平台进而在短样品电缆上精确测量交流损耗。

该示范工程于 2011 年 4 月和 2011 年 7 月由 REW、Nexans 和 KIT 联合向德国联邦经济和技术部（BMWi）提交了项目申请，BMWi 于当年 9 月通过了审批；2012 年下半年，研究团队制备了该项目的第一条超导电缆样品并与 2013 年第一季度完成了对该样品的相关测试；紧接着在 2013 年第一季度末，研究团队开启了高温超导电缆的生产；2013 年 4 月，Essen 市开始动工，准备铺设该高温超导电缆；2013 年第三、第四季度，研究团队开始安装所有超导电缆输电系统的所有设备、部件；2013 年 12 月，现场试验及首次试运行成功开展；最终，于 2014年 4 月，AmpaCity 电缆示范工程成功投运。

AmpaCity 示范工程采用的制冷系统利用大量过冷液氮作为储备，如图 1-30所示。该套制冷系统实现了较高的可靠性，灵活的即插即用能力。主冷却采用闭环循环机械循环制冷，让过冷液氮在电缆中封闭循环。该制冷系统在温度 67K下可以提供的制冷容量为 4kW。

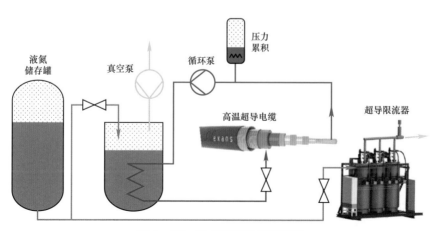

图 1-30　冷却循环系统示意图

在 AmpaCity 示范工程前，世界各国，尤其是在欧洲，还没有大规模的示范项目，因而高温超导技术在电缆领域的应用仍然还是一个比较陌生的领域。但该示范工程设立了高温超导电缆的一个新的参考标准，推动了 HTS 材料、低温系统和 HTS 电缆技术的发展。

1.3.5　中国示范工程

自 20 世纪 90 年代，中国就开始着手超导电缆及应用研究，并取得了积极进展。中科院电工所与西北有色金属研究院和北京有色金属研究总院合作，于 1998 年 7 月成功研制出我国第一根 1m、1000A 高温超导电缆；该电缆液氮温度条件下载流可达 1200A，接触电阻小于 0.06μΩ。2000 年 12 月，中科院电工所又完成一根 6m、2kA 高温超导直流电缆，并在 77K 条件下进行了 1h×2kA 通流试验。上述两根研制品由于无绝缘层，只能称之为高温超导电缆的半成品。

北京云电英纳超导电缆有限公司依托国家科技部 863 计划和北京市科委开发高温超导电缆产业化技术重大项目支持，于 2004 年 4 月研制出 33.5m、35kV/2kA 高温超导电缆，并在云南昆明普吉变电站并网。该电缆三相分体结构，本体平行敷设，每 2m 用电缆支架支撑一次，用电缆箍固定。制冷系统采用多台 GM 制冷机联合运行。同期，中科院电工所与甘肃长通电缆公司共同承担了国家十五"863"重大项目"75m 长、10.5kV/1.5kA 三相交流高温超导电缆系统"，并于 2004 年底完成并网试运行。该高温超导电缆安装在甘肃长通电缆公司为车间供电运行，最大电流达 1.6kA。2006 年，该项目完成 7000h 配网试验运行后因经费等问题停运，又于 2012 年，作为白银超导变电站的组件之一进行了"重组"。上述两个试验示范超导电缆均为热绝缘结构。

上海电缆研究所有限公司等单位在上海市科委支持下，研制的 35kV 高温超导电缆系统是国内首条采用第二代高温超导带材的冷绝缘超导示范线路，于 2013 年 12 月 9 日在宝钢投入运行，正常运行电流 2000A，最大瞬时负荷电流达到 2200A，为宝钢二炼钢车间的电弧炉独立供电。截至 2016 年底，已持续无故障运行达 3 年，2015 年中旬完成带负荷情况下制冷系统的计划维护保养。

而早在 2010 年，国家电网有限公司（简称国家电网）科技部就拟建设公里长度、110kV 超导输电技术试验段，组织技术攻关，在国际上率先针对 1000m 长度、连接变电站、输电电压等级超导输电线路，完成总体规划设计；采用新一代高温超导材料，研制出国内首个 10m、110kV 迫流循环冷却超导电缆，填补了国内高电压等级冷绝缘超导电缆的技术空白；自主设计构造了具有国际领先水平的电缆及附件电性能、能耗和长期耐受等一站式试验平台。

　　2016 年，富通集团天津超导技术应用公司研制出 100m 长度、35kV/1kA 冷绝缘交流高温超导电缆，在中国电力科学研究院有限公司完成样缆载流和耐压性能测试；而江苏中天科技股份有限公司也研制出 10m、220kV/3kA 交流高温超导电缆，进行了热稳定性等试验，以及综合性能测试。

第2章

超导电缆在城市电网中的规划设计

本章首先对城市电网的特征进行简单阐述，然后以上海城市发展要求为例，归纳了城市发展过程中负荷持续增长与核心区电力用地资源间发生矛盾的必然。接着以问题为引导，分析了超导电缆技术特点及其在城市电网中应用的技术优势，提出了 4 种可充分发挥超导电缆优势的典型应用场景。最后，从应用要素、选址要素、方案比选 3 个方面提炼出国产高温超导电缆在城市电网中应用的规划要素，为读者提供参考。

2.1　城市电网的基本特点与发展中面临的问题

2.1.1　城市电网的基本特点

城市电网建设是城市的重要基础设施，是现代化城市发展和进步的重要支撑力量。保证城市电网拥有优良的电能质量和较高的安全可靠性，是促进城市经济发展和提高人们生活质量的重要基础。城市电网的基本特征包括：

（1）城市电网负荷密度高。由于城市人口密度大，用地较少，在城市发展的进程中用电需求不断增长，与之相对应的是可规划与建设的发电、输配电用地的减少，产生了矛盾。同时在这种用电负荷密度高的情况下，往往会加速设备的老化，影响供电的稳定性和安全性，在建设线路时，需要在合理的规划区间内输送更大容量的电能。

（2）城市电网安全性要求高。由于在城市当中，空间的利用率要求高，使得电网线路距离建筑物和人群较近，引发危险的可能性增加，提高了对电网的安全性要求。例如城市存在大量架空线路，特别是借杆架线现象日益严重，出现了各类线网冗余盘绕、松散坠落、飞线上墙上树等现象。合理选择电缆代替部分架空线路，既是对市容景观的提升，也可适当减少安全隐患。

（3）城市电网供电的可靠性要求高。城市电力的供应是人们生产生活得到持续的重要保障。由于城市内工业、商业、科技、医疗、教育等生活活动密集频繁，如果出现大面积的停电，将会造成重大的经济损失，对人们的生产生活等造成极大不便。因此城市电网可靠性一直是城市电网发展建设中的重要指标，据分析统计表明，用户供电可靠率低的主要因素是在配电网建设环节，不断实施城乡电网建设与改造，进一步改善、增强高中压配电网结构，发展、推广应用新技术新方法是提高城市电网供电的可靠性的有力措施。

2.1.2　中心城区负荷发展规律分析

特大、超大型城市的中心城区是一个城市的政治、经济、文化中心，其主导产业为高增值、强辐射的现代服务业，为建设成为国际大都市，需进一步提升综合服务功能和产业能级。为此，必须确保具有坚强的电网结构为其供应电力。

随着我国的经济转型，对电网发展的需求呈现出多级分化的特点。特大、超大型城市用电负荷逐年增长，而增长率却逐年下降。以上海为例，2001～2020年的统调最高负荷和全社会用电量如图2-1所示。

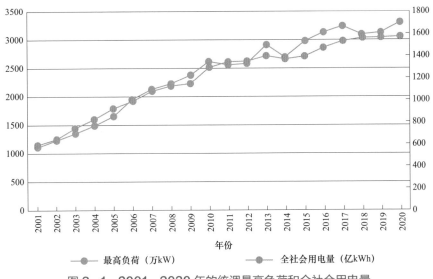

图2-1　2001～2020年的统调最高负荷和全社会用电量

通过图 2-1 可以看出，近些年来的用电增长趋势逐渐趋于平稳，表明在原有的负荷基础上，负荷增长已逐渐达到近饱和的状态。

近年来，随着社会产业升级，部分产业不断涌现出高新技术，激发出新的活力，而这些产业的发展都离不开坚强电网的支撑，同时也对电网提出了新的挑战。例如，新能源汽车为居民生活带来了环保和便利，但对于电网来说，虽然已经将新能源汽车充电桩纳入负荷规划与需求，但随着新能源汽车的快速增长，相应的公共充电基础设施需求也在逐步上升。新增充电桩的设立，可以通过在原有供电设施的基础上进行增容改造，来实现更大容量的电能传输，解决相应的负荷需求。

通过分析，可以发现超大、特大型城市的中心城区电网，具有负荷密度高、网络损耗高的特点，但结构已经趋于稳定，难以进行大范围的改变，其改变主要以局部补强与调整为主，并将逐步发展到饱和阶段。因此，电网需要在这种较低用电增长的情况下提升网架结构，同时保证较高的投资效益水平，即可从增加容量、扩建变电站以及新增变电站等 3 个方面分别予以解决。

2.1.3 城市电网建设面临的主要问题

2.1.3.1 中心城区站点建址困难

根据用地集约要求，为严控城市规模，各城市的电网建设应坚持规划建设用地总规模负增长的要求。以上海地区为例，2018～2019 年期间，从行政区土地价格上看，作为上海市中央核心区的静安区排名第一，均价约 9.1 万元/m²，其次是黄浦区，排名第三的是徐汇区。整个上海范围内价格最低的是崇明区，为 1.6 万元/m²。从此数据可以看出，城市的中央区土地价格非常高，土地资源宝贵，且增量空间极为有限。在此背景下，电网设施更需坚持小型化设计，加强集约化建设，提升土地资源利用效率。

由于局部地区过高的用电需求，而郊区用电需求不多，导致电量的输送与分配相对各地区的负荷需求呈现出一种不均衡的分布状态。主要表现在中心地区负荷需求很大，却面临着土地资源紧缺、建站、排线困难重重的现象；反之，郊区的用电需求相比于城市中心地区的用电需求较少，却拥有更大的土地面积与冗余容量。面对如此不平衡的发展情况，电力供给侧急需采取更多更有效的解决措施。目前已采取的较为有效措施是通过优化核心区的网架结构，例如进行架空线入地，促进地下空间资源的合理利用。

在电网中，特别是 110kV 变电站受低压侧供电半径限制（不宜超过 3 km），因此较之 220kV 及以上变电站，更加接近负荷中心。而 110kV 变电站一方面需满足对周边建筑的退让、对道路规划红线的退让以及消防安全距离等诸多要求，又需保障站址面积以满足设备布置需求，使得变电站在中心城区等区域的选址日趋困难，供电能力的发展受到诸多限制。因此需要提高单位变电站的供电能力，减少变电站数量，提高土地利用率。

根据目前配电网发展的特点，需要在中心城区进一步扩大配电设备的容量及建设更多的电源支撑，但在实际规划建设过程中，却遇到了土地资源与路径方面的严重制约；在外围重点发展区域内，新增的负荷需求也受到上级电源布点不足的影响而产生了一定矛盾。

2.1.3.2　中心城区线路廊道使用困难

为适应城市电网的发展，各城市电网积极开展实施架空线入地的措施。通过提出加强城市管理精细化的工作要求，针对架空线和道路进行立杆管理，逐步消除"黑色污染"，逐步完成全市重要区域、内环内主次干道、风貌道路以及内外环间射线主干道架空线入地与合杆整治，达到道路环境更加整洁、空间视觉更加靓丽的目标。借助架空线入地的实施，同时打通城市通道瓶颈、优化原有网架结构，满足超大城市的精细化管理、用电需求增长、提高供电质量的目标。

结合上海市架空线入地工作（见图2-2），虽然目前上海中心城区电网负荷已经逐渐进入饱和区间，但通过对原有的电网进行改造，优化电网结构，可以有效地改善电网供电。在上海地区已实施的计划中，已开展的架空线入地便是对电网的网架结构进行优化的措施，实现架空线变为电缆，并放置于地下输电。但随着该项措施的推进，未来在中心城区的架空线入地也将面临地下廊道不足等新的问题。

图2-2　上海市架空线入地的规划范围

另外，将架空线转变为电缆应用于城市电网中，需要新增大量的电缆隧道伴随工程使用。电缆有多种专门敷设方式，其演进包括从直埋到排管、到电缆沟及电缆隧道等过程。尤其是大规模电缆排管与电缆隧道的建设，不仅解决了城市道路的电缆通道问题，而且有利于对电力电缆线路实施保护，有效避免电缆遭受外力损坏，也有利于电缆故障缺陷处理。

然而，目前架空线入地的实施也存在一定的困难。例如，在实施过程中，地下管线资源紧缺，通道建设进度缓慢，入地道路以支小马路为主，路幅狭小、地下资源使用趋于饱和，致使通道落实难度极大，往往需要燃气、给排水等管线搬迁后才能实施电力排管建设。

综上所述，架空线入地工程往往面临电力排管和电缆隧道建设困难而难以开展，也面临现有管道内部面积不足以支撑全部架空线入地后进行排线管理的难题，因此亟待寻找新的方案来解决地下廊道不足的现状。

2.1.4 城市电网可靠性保障的问题

我国能源监管部门一直重视电力可靠性问题，始终把电力可靠性指标作为电力发、输、配等各环节电力质量保证的主要抓手，同时也作为评价运营企业的设备管理水平的重要指标。根据设备的属性差异，设备可靠性指标可以分为发电可靠性、输变电设备可靠性和供电可靠性 3 个大类指标。各类指标虽独立统计但也有一定的关联，以上海电网为例，其关系如图 2-3 所示。

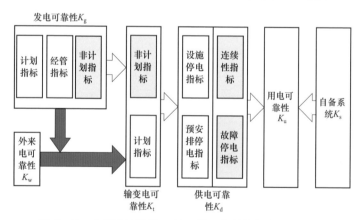

图 2-3　上海电网的发、输、配可靠性指标关系示意图

用电可靠性是终端用户对于供电安全的终极要求，对于重要用户而言通常需要依靠电网与自备系统共同承担。供电网作为与用户直接联系的环节，其可靠性指标之间的关联度极高。在发、输、配三个环节的可靠性指标中，供电可靠性指标的数量最多，一般可以分为连续性供电、故障停电、设施停电、预安

排停电、外部因素停电等 5 个类型，其中连续性指标和故障停电指标是与用户用电体验直接相关的两种指标类型。

随着城市中心区域负荷的不断增长，用户对供电可靠性的要求也越来越高，因此迫切需要加强末端枢纽变电站之间的联络。采用常规电缆和备自投装置虽然可以在一定程度上提升末端枢纽站间的支援能力，但是无法满足较大负荷条件下的供电支援需求，从而导致局部供电可靠性降低，因而亟须一种能够实现中低电压等级的大容量传输设备来提高供电能力。

以上多方面的矛盾点充分表明城市核心供电区域中的负荷密度集中、对可靠性要求较高，但是土地资源不足。为有效解决此问题，并缓解由于负荷需求分布不均而造成的需要增加容量、扩建变电站以及新增变电站的现象，以及由于土地面积紧缺造成站点建址困难和廊道使用困难等问题，可以基于超导电缆的特点，研究超导电缆在应用普及中的可行性，并利用超导电缆的优势，对已经提出的问题进行合理的分析解决。

2.2 超导电缆在城市电网中应用的技术优势

2.2.1 超导电缆的技术特点分析

高温超导电缆是一种采用无阻的、高通流密度的超导材料作为导电体并能传输大容量电流的一种电力设施，可以广泛应用于发、输、配、用、储等电力相关领域，其优点可总结如下。

（1）传输损耗低。超导材料在进入超导状态时直流电阻几乎为零，交流损耗值比常规电缆的小得多，即使计及低温冷却所需的电力，其电力损耗仍比常规电缆的小。交流高温超导电缆的功率损耗约为输送容量的 1%。如计及电缆制冷功率，高温超导电缆的总损耗约为常规电缆的 35%。如采用超导输电技术，使总的输电效率提高约 4%，则目前我国每年可节约电力 10GW 以上，据统计如全部采用高温超导电缆，按现在的电价和用电量计算，则我国每年可节约 400 亿元，还可降低耗煤量，减少燃煤对环境的污染。

（2）大容量送电。超导电缆可实现大容量输送，节约输电空间，同截面的冷绝缘高温超导电缆的电流输送能力是常规电缆的 4～6 倍。在配电网中使用部分超导电缆代替原有的普通电缆，可以实现低损耗、高效率、大容量输电。超导电缆能够应对局部剧烈变化的负荷需求，解决新型产业所带来的负荷增长，以及随之产生的对增加容量、扩建变电站和新增变电站的需求，使得利用更大容量的输电来高效处理局部或全社会用电量的增长问题更容易得到实施。

（3）故障限流特性。在电网运行过程中，若超导电缆运行的电流超过其临界电流时，就会发生失超现象，超导电缆将由超导态转变为常态，此时超导电缆的阻抗会变大，即零电阻特性消失，从而对电网系统中的故障电流起到限制作用，由此保障了电网的安全运行，同时也给电网工作人员处理故障争取了时间。因此在电网中使用部分超导电缆代替普通电缆，可以进一步提高我国城市电网的安全性。

（4）节约通道资源。由于高温超导电缆的通流密度高，具有同样传输能力的高温超导电缆与常规电缆相比，可使用更少的金属和绝缘材料，并明显地节约占地面积和空间，节省宝贵的土地资源。面对城市电网的架空线入地策略所面临的廊道不足的困难，可以考虑使用超导电缆，充分节约廊道内部面积，合理进行电缆排线规划，在减少线路损耗的同时实现大容量输电。也可通过少量的超导电缆来代替大量的普通电缆线路，在节约成本的同时，有效缓解廊道不足，并有利于开展排线的工作。

超导电缆优势突出，特点鲜明，可充分在电网中开展相关应用。但与此同时，超导电缆也存在一定的缺陷。例如，相比于常规电缆来说，超导电缆的制造成本高，经济性较差，对制造技术和工程建设技术也有较高要求。在超导电缆的正常使用中一旦有故障发生，所需的维修周期长且维修成本大。虽然存在一定缺陷，但是从长远发展的角度看，超导电缆代表了未来发展趋势，随着相关技术的不断成熟，超导电缆的成本会不断降低，其使用规模也将逐渐扩大。接下来将在这种超导电缆自身存在部分局限的前提下，充分利用其特点，提出超导电缆在城市电网中不同场景的应用情况。

2.2.2 超导电缆在城市电网中的应用场景

超导电缆由于其在低阻抗、近零损耗、环境友好等方面的优越性能而吸引了各先进国家竞相开展研究。尤其是超导电缆的传输容量非常大，其电缆本身应用无阻和高临界电流密度的高温超导线材作为导体，极大地提高了电能传输能力。超导电缆可以在 10、35、110kV 等不同电压等级的电网中使用，其较大的容量输送使得其可代替原来大量普通电缆，实现以更小空间范围内完成相同的输送能力，甚至实现比原来更高的输送能力。

对于我国的大型城市来说，城市电网发展面临着土地面积不足，变电站修建困难或输电廊道不足等窘境，因而十分有必要发展大容量传输技术。根据超导电缆的特点，其应用可以大致归纳为 4 大类，如表 2-1 所示。

表 2-1　　　　　　　　　　　　　超导电缆在电网中的应用

序号	技术特点	应用场景
1	大容量	变电站增容、线路增容、承载负荷转移、通道改造
2	低损耗	负荷中心中压直接供电替代变电站、低压侧互联提高可靠性
3	低阻抗	无功需求低、扩大供电范围
4	失超特性	具有一定遏制短路电流作用

表 2-1 给出了超导电缆在电网中的典型应用场景及对应的技术特点，这些技术特点能够应对配电网发展过程中的一些"特殊"需求，本章总结了以下一些应用场景。

2.2.2.1　超大负荷供电

超大负荷用户的需用负荷往往远大于常规用户，需要采用多回线路供电，或提高供电电压等级。采用超导电缆供电，有助于减少供电线路数量，缓解通道紧张的难题。此外，在同等输送容量下，超导电缆可以采用较低电压等级供电，这也使用户能够节约整体投资。重负荷用户接入示意如图 2-4 所示。

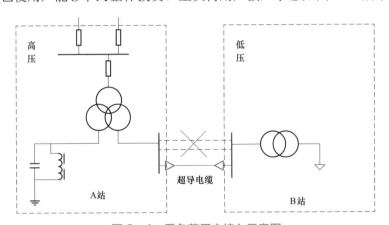

图 2-4　重负荷用户接入示意图

采用超导电缆为重负荷用户供电，相对比较灵活，用户可以从较近的电源点供电，保证超导电缆的距离，同时该应用场景具备较高的扩展性，技术成熟后也可以拓展应用。但本场景用户供电可靠性相对较低，比如超导电缆最大输送容量可以达到 120MVA（假设用户申请容量即为 120MVA），若采用常规电缆供电，一般均为多电缆供电，用户供电可靠性较高，若用单回超导电缆替代，用户的供电可靠性则不能得到保证。另外，大容量用户仅用单回线路供电占用上级电源的变电容量较多，如 220kV 变压器容量主流为 240/240/160MVA，电压等级 220/110/35kV，若采用 35kV 超导电缆为单一用户供电，且达到超导电缆的最大输送容量，则此时上级 220kV 变电容量占用过多，其他用户难以再从该台主变压器受电。

2.2.2.2 提高通道输电能力

现实的电网建设中，有时需要克服一些地理环境的问题，比如需要建立跨越河面、江面或是地铁通道等的输电线路。此时可以选择在江河、地铁通道的上面建设架空线，也可以通过在河流与地铁通道的底部建立通道，用电缆实现电力传输。由于通道的布置与管道内部的空间有限，又需要将大量的电缆同时布置在通道中，因而会给设计和施工带来很多不便。针对此类问题，可以采用超导电缆的大容量传输特性，使用少量的超导电缆来代替大量的原有普通电缆，起到同样的电力传输效果。同时所用到的少量超导电缆所占用通道的比例也会大大减小，既节约了通道内的有效空间，又降低了传输损耗。

使用超导电缆提高通道输电能力示意如图 2-5 所示。

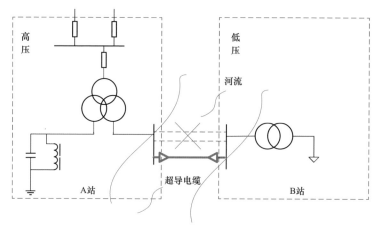

图 2-5　使用超导电缆提高通道输电能力示意图

2.2.2.3 负荷中心区供电

负荷中心区供电的重点是变电站低压环网供电与变电站互联（低压母线联络）。面对供电容量不断扩大的负荷中心区，许多原有输电线路已经不能够满足电力传输的需求。此类情况下，使用超导电缆即可实现一回线路传输所需要电能，并能够使变电设备及线路均降低一个电压等级，如图 2-6 所示，其应用效果相当于省略了 1 台高压主变压器与 1 回高压线路，一方面缓解变电站出线间隔紧张问题及提高主变压器负载率，另一方面通过大幅提高站间转移能力，进一步提升了系统可靠性。

一般情况下，电网在规划时通常采取高压侧环网供电，低压侧独立母线分区供电。但是随着分区负荷的增长，中心地区很可能也需要新建高电压等级的中心变电站，但却缺乏土地和高压输电廊道。这时可以采用双回路超导电缆构建一条低压母线，直接形成低压环网供电的方案。

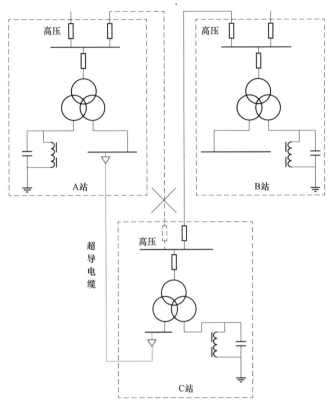

图 2-6　负荷中心区供电示意图

我国电网要求高压环网供电可靠性满足检修方式 $N-1$ 要求，即高压变电站在检修方式下 1 台主变压器故障仍应保证正常供电，负荷密集地区的变电站可以通过扩建第三台主变压器来满足要求，但部分变电站受站址条件限制无法扩建第三台主变压器。针对这种情形，超导电缆可以替代 1 回高压线路和 1 台高压主变压器，直接对变电站低压母线供电。此外，对于普通高压变电站，超导电缆可以作为低压侧互馈线，在变电站故障情况下转供负荷，提高电网整体的可靠性。

2.2.2.4　新能源汇集接入

目前国家大力促进光伏、风电等可再生能源的发展，其中较大规模风电和光伏建设在海边等具有较少开发利用土地的地区，通常远离电网布置的密集区，周边供接入电网的仓位条件较为紧张。在采用原交流电缆接入系统时，受限于线路输送容量，往往需要升高电压等级接入较高电压等级的电网。若采用超导电缆线路，则提高了输送容量。因此可以采用较低电压等级接入系统，一方面低电压等级的仓位资源相对更为充足，另一方面，电源方采用低电压等级接入，也可以节约升压站的投资。新能源汇集接入示意图如图2-7所示。

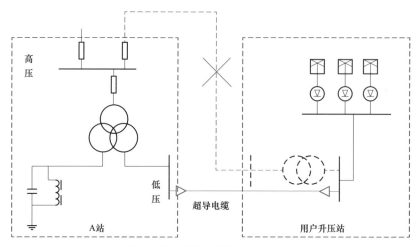

图2-7 新能源汇集接入示意图

按目前上海市电源接入执行的标准及工程经验来看，新能源接入系统可以采用单回线路，因此使用超导电缆降压接入系统可以节约仓位，具备一定的应用前景。

2.3 应用超导电缆的规划技术研究

上述章节中，已在各类场景模拟或工程实践中，结合超导电缆的优点，较为全面地提出有关超导电缆的多种可行性设想，并从不同角度思考与扩展，寻找新的超导电缆应用场景。本章节主要针对超导电缆在城市中应用的规划要素及建设流程展开描述，以此为超导电缆的产业化发展及大规模应用奠定基础。

2.3.1 城市电网超导电缆应用要素

超导电缆输电技术发展至今，在应对新能源变革对电网带来的重大挑战、能源互联网建设等多项领域有着显著的优势，目前国外已有多组高温超导电缆投入电网试验、示范和商业化运行，并在负荷较密集地区进行使用。

由于超导电缆在当前阶段还未在国内进行大范围推广应用，为了更好在实际工程中使用超导电缆，并为之后超导电缆的发展提供依据与要求，国家电网公司提出，我国对超导电缆的运用应坚持以规范性、实用性、安全性和经济性为导向，开展成套技术自主研发和示范工程实践。除以上要素外，在实际应用超导电缆时的安全性同样至关重要。因此，城市电网开展超导电缆工程应用可遵循如下原则：

（1）规范性。利用超导电缆显著区别于常规电缆的低阻抗、大电流特性，在负荷密集的城市中心地区选取合适的工程，以 35kV 超导电缆代替同电压等级的多回常规线路或电缆，实现公里级大规模应用，在设计、施工、试验、监控、保护、运行、维护等多方面积累经验，形成相关技术标准，实现创新引领。

（2）实用性。充分发挥超导电缆容量大、损耗小的特性，在城市中心负荷密度大的区域选取合适的应用场景更能体现超导电缆的优越性。需要注意的是，示范工程非试验项目，应在保障供电安全的前提下，结合城市电网的实际需要合理选取应用方案，统筹考虑工程实施的必要性、可行性、经济性，同时兼顾施工方便、运行灵活、易于维护等要求。

（3）安全性。超导电缆在电力系统中应用较少，其安全性与可靠性有待进一步验证，示范工程应根据实际情况，采取同步措施减少工程应用对电网的影响，确保不降低电网的供电可靠性。

（4）经济性。采用国产的系统成套设备，带材等主要材料采用国内厂家产品。对引进的制冷等技术加强消化吸收，逐步转化为本国生产制造能力。加强终端接头等关键部件的研发力度，力争取得关键技术突破，达到国际领先水平，为扩大超导电缆应用范围奠定基础。

2.3.2　城市电网超导电缆建设一般规划流程

城市电网中超导电缆应用与建设应满足一般规划流程，主要包括以下几部分：

（1）超导电缆应用选点。根据超导电缆制作工艺对超导电缆长度约束，以及超导电缆敷设过程对超导电缆外径的要求，在此限制条件的基础上，对 4 种不同应用场景下满足条件的地点进行选择。其中，超导电缆长度目前受限于电缆段冷缩精度及相关辅助设备技术参数。此外，由于超导电缆的外径比同等级传统电缆大，现有排管孔径难以满足超导电缆敷设要求，因此需要新建电缆通道。在工程选点时，通道因素也将成为主要限制因素之一。将符合 4 种应用场景的站点进行了初步筛选，将已有的工程示范应用选点情况进行汇总。

（2）初选站点方案设想与比选。对初步选择的地点进行现场场景勘测，在规划超导电缆的建设与使用期间，需要考虑对超导电缆衍生设备的安装与用地规划。例如：站内冷却泵房、超导电缆终端布置设想，以及站外通道设想，根据收集的资料，确定规划建设的超导线路的路径走向，考虑初选站点周边的建筑设施，在对超导电缆进行排管实施前需与相关管理单位沟通确认。对选择出的多个站点方案之间进行比选，在比选过程中，对电源仓现状、站址资源、可规划的线路通道、站点的系统运行、电网安全以及所需投资，均进行比较，选择出一个较为适合建设超导电缆的站点，进行接下来的具体方案比选。

（3）站点对应方案运行方式分析。根据所确定站点处网架结构及负荷数据，确定超导电缆的连接与供电区域，在所选出的站点的基础上，确定供电母线，并根据超导电缆建设方式的不同，提出多种具体建设方案。在这些建设方案的前提下，结合实际场景，考虑不同方案对应的几种运行方式。例如，在超导电缆正常运行；超导电缆故障退出运行；超导电缆上级电源故障，下级负荷正常运行等多种运行方式下，分别进行线路潮流计算，对潮流运行结果比较分析，通过对超导电缆投运后可能存在的多种运行方式校核，确定最优的超导电缆应用方式。

2.4 超导电缆示范工程选址规划设计

随着超导技术的不断发展与应用，上海在超导电缆的材料研发、成缆制造、工程设计、大用户应用等领域具备了相当经验，但对于超导电缆在实际电网中的应用尚且缺乏经验。因此，上海依托已有的技术积累，建设了一条公里级高温超导电缆示范工程，本章节根据上一章节的应用规划原则，介绍了超导电缆示范工程在上海城市电网应用的选址要素及方案比对。

2.4.1 超导电缆示范工程的选址要素

结合超导电缆在城市电网中的应用要素，分析示范工程落地的选址设计：

（1）距离适度要素。工程本身会对超导电缆的输送容量提出一定要求，但由于制造技术的限制，目前超导电缆无法做到很大的长度。因此在开展具体工程的工作之前所进行的电缆选点工作更需要首先考虑可实施的线路长度问题。目前世界范围内投运的超导电缆工程长度均在 1km 内，尚未有超过 1km 的实际运行案例。考虑到此限制，上海电网目前可选取的实际场景非常有限，为扩大选点范围，本次初步选点筛选把应用范围设定在 1~2km 左右。

（2）敷设条件要素。除了电缆长度的限制以外，上海示范工程超导电缆的外径达 190mm，使得现有排管孔径难以满足超导电缆敷设要求，因此需要新建电缆通道。在工程比选时，通道因素也将成为主要限制因素之一。

（3）技术经济要素。在确定超导电缆的技术经济指标时，应将它与常规电缆进行比较分析。通过系统平均停电频率、系统平均停电持续时间、系统供电可靠率等可靠性指标，以及转移电量、短路电流、线损率等技术评价指标；以全寿命周期成本作为超导电缆的经济评价指标；并使用模糊隶属度函数与秩和比法结合的方法作为综合评价方法。

（4）负荷稳定要素。超导电缆属于中心城市供电的一种新型解决方案，需要建设在经济较为稳定的区域。因此其供电区域首先要求新增用电负荷较大，其次要求负荷相对集中，更重要的是新增负荷基本保持稳定。

2.4.2　示范工程方案比选

根据超导电缆的选址要素，可以分三步进行方案比选，相关方案如下所述。

（1）站址比选。按照距离适度要素进行筛选，本示范工程选出 12 个具有使用超导电缆潜力的应用方案候选，通过对它们的线路长度、变电站规模、变电站负荷大小、变电站剩余仓位、变电站站址以及变电站目前的线路通道等情况来统计分析，将已有的工程示范应用选点情况进行汇总。表 2-2 列出了 12 个方案中的部分指标内容。

表 2-2　　　　　　　　　　12 个方案的部分指标

方案	线路长度（km）	变电站规模（MVA）
1	1.5	3×180
		2×120
2	0.8	2×300
		2×240
3	1.6	3×120
		2×240
4	2.0	3×240
		2×120
5	2.2	2×180
		2×150
6	1.8	3×120
		2×120+180
7	1	3×180
		—
8	0.4	2×300
		—

方案	线路长度（km）	变电站规模（MVA）
9	—	2×240
		—
10	—	2×240
		—
11	—	3×240
		—
12	1.8	3×180
		—

注　线路长度"—"表示该线路为规划线路；变电站规模"—"表示该变电站为土建站。

（2）敷设比选。结合敷设条件要素，由于超导电缆敷设过程中对侧压力要求较高，线路设计过程中应尽量避免了 90°大转角的情况。同时由于排管斜穿道路将对现状以及规划市政管线的布置造成较大影响，其实施过程亦存在较大难度。当出现线路需跨越河流的情况时，考虑到大高差敷设将对超导电缆液氮制冷系统造成不利影响。因此不考虑采用开挖方式，而均设计采用桥架方式过河。根据此要素，再对 12 个方案进一步筛选，即得到 6 个方案，如表 2-3 所示。

表 2-3　　　　　技 术 经 济 方 案 比 较

方案	方案名称	电源仓	电网安全	投资（亿元）
1	徐汇 A~徐汇 B	徐汇 B 站有备用仓位	超导线路故障下，可通过两回备用电缆恢复现有供电方式，不影响正常供电	1.83
2	宝山 A~宝山 B	宝山 A 站需要向外割接 1 回出线，空出备用仓位	超导线路故障下，仅失去一回联络线路，不影响电网正常安全供电。但超导线路试验带负荷工况时，涉及站内运行方式调整，有可能增加操作风险	2.46
3	宝山 C~宝山 D	无须割接、可利用站内现有备用仓		2.7
4	虹口 A~虹口 B	无须割接，可利用站内现有备用仓	超导线路故障下，可通过 4 回备用电缆恢复现有供电方式，不影响正常供电；但 4 回备用电缆占据了仓位资源	1.49
5	黄浦 A~黄浦 B	黄浦 A 站需要向外割接 1 回出线，空出备用仓位		0.67
6	闵行 A~闵行 B	可利用站内备用仓位	超导线路故障下，仅失去一回联络线路，不影响电网正常安全供电。但超导线路试验带负荷工况时，涉及站内运行方式调整，有可能增加操作风险	2.04

（3）综合比选。将四个超导电缆选址原则相互结合来综合比较分析。根据表 2-4 技术经济比较，考虑到方案 2 和方案 3 通道实施难度较大，且电缆长度较长，存在一定的研发风险，不作为推荐方案。方案 5 长度较短，仅 400m，且工程应用的相关技术指标与国际先进水平存在一定差距，因此也不推荐。方案 4 长度适中、通道条件也相对较好，但在开关站的应用场景中备用电缆占用较多仓位资源，造成未来的推广适用性相对较差。方案 1 和方案 6 均作为替代一回 220kV 电缆的应用，考虑到方案 1 应用于城市核心区，正常方式下带负荷运行时的超导电缆利用率更高，而方案 6 正常方式下仅作站间联络线备用，在带电试验时需调整站内运行方式，反而增加了操作风险，因此推荐方案 1 为示范工程应用落点。

超导电缆工程的应用系统设计

随着我国高温超导二代带材和超导成缆技术的日趋成熟,超导电缆逐步迈入应用启动阶段,本章详细介绍了超导电缆本体、终端及中间接头的结构设计原则以及冷却循环系统组建原则,阐述了超导电缆接入变电站的方式并介绍了示范工程应用的实际情况。

3.1　超导带材及成缆特点

高温超导带材是超导电缆的核心材料,目前可应用于超导电缆的高温超导带材主要有铋系超导带材(一般称作一代)和钇系超导带材(一般称作二代)。因超导材料不同于传统金属导电材料,其超导性能取决于材料内部的晶格结构,极有可能因为工艺波动等因素造成局部超导性能的降低甚至缺失,而且由于超导材料的零电阻特性,单根超导带材上的电流很难通过少量的接触传递到临近带材,从而造成整根带材性能降低,甚至可能因为自身发热,引发临近带材失超,因此超导带材的临界电流均匀性是电缆用超导带材关注的重点指标之一。

从机械性能角度,不管是一代超导带材还是二代超导带材,其起到超导作用的是类似陶瓷性质的材料,极易因机械变形导致材料"破裂"从而影响超导性能。同时,为增强超导带材的机械性能,一般会增加封装。封装工艺的稳定性也将对材料性能造成影响。从超导带材到超导电缆生产、安装和通电运行,需要经历多道考验。

电缆制造时，带材必须经过复绕安装到生产线的材料线盘上。在生产电缆过程中需确保绞缆质量，带材必经受一定程度的张力，并经过扭绞弯曲绞制成特定尺寸的超导电缆，绞缆完成后需要整体弯曲缠绕到电缆线盘。其在制造过程中，需经过多重机械变形，因此，其机械稳定性至关重要。

3.2　超 导 电 缆 本 体

3.2.1　超导电缆导体和屏蔽层

对于单芯和三相统包超导电缆，其每根芯的结构由内至外主要包括衬芯、超导导体、绝缘、超导屏蔽、金属屏蔽、柔性绝热套等。

其中衬芯主要用于承担电缆机械拉力并承载过负荷时的电流。其截面主要根据这两项要求进行设计。

超导导体是电缆传输电能的载体。与传统电缆不同，其传输电流能力主要体现于电缆的临界电流性能而不是金属材料的截面积。超导材料的传输电流能力远大于传统导体。在现有技术水平下，一般超导带材的传输电流能力是相同截面铜导体的 10 倍以上，而且其传输电流的损耗远低于传统导体，传输直流电流的损耗甚至可以完全忽略不计。超导导体的另一个优点在于其对故障电流的限制能力。由于超导导体的临界电流性能是根据工程实际工况设计的，正常运行状态电阻可忽略。当电网发生故障时，故障电流超过临界电流，超导导体将瞬间失超，超导材料电阻急剧增大，故障电流只能通过带材上的金属材料或电缆衬芯传输，线路整体阻抗大幅增大，从而对故障电流起到较好的限制作用。

超导屏蔽是低温绝缘超导电缆特有的设计，其作用是屏蔽电缆磁场，降低电缆对外的电磁污染以及消除因电磁场导致电磁力的问题，超导屏蔽可同时对外部电磁场起到较好的屏蔽作用，防止外部电磁场对电缆性能造成的不利影响。

由于超导材料的"无阻"特性，超导导体和屏蔽的电流分布取决于感抗分量，各层感抗取决于各层的自感和层间的互感，自感和互感取决于各层超导带材的绕制方向、螺旋半径、节距等。冷绝缘高温超导电缆可等效如图 3-1 所示的电路图。电感与互感可通过计算各层之间的磁场能量进行计算。在屏蔽层互联和特定的敷设条件下，三相系统采用冷绝缘超导电缆可以实现屏蔽电流与超导导体电流量值相等。

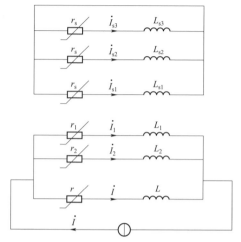

图 3-1 超导电缆电流分布研究电路图

对于三相同轴结构的超导电缆，其结构由内到外主要包括支撑波纹管、绝缘层、三相导体层及绝缘，其内部支撑一般采用不锈钢波纹管，三相导体层及其内、外和层间的绝缘层，屏蔽层，柔性绝热套等。由于三相电流相角互差120°，因此屏蔽层感应电流很小，在三相平衡时可忽略不计，因此三相同轴超导电缆一般不需要超导材料来制作屏蔽。

3.2.2 超导电缆绝缘

超导电缆绝缘运行于液氮低温环境下，传统塑料绝缘材料在液氮温度下一般会因为过低的温度导致内部应力过大，容易产生开裂，而且低温下的塑料绝缘塑性过低，弯曲性能相对较差。因此超导电缆绝缘一般可采用牛皮纸或聚丙烯复合纤维纸绕包制作。聚丙烯复合纸具有电气性能优秀、介质损耗低、机械强度大、摩擦系数小等优点，是较高电压等级超导电缆绝缘的常用选择。另外由于绝缘运行于液氮中，液氮作为复合电绝缘的一部分也起着一定的绝缘作用。

聚丙烯复合纸是由多孔的纸浆材料同聚丙烯膜压制而成，具有良好的浸渍性能，可有效地防止气隙的产生从而减小局部放电的发生。而聚丙烯薄膜具有较高的电气强度，低温下具有良好的机械性能，在 77K 液氮浸渍条件下，压力为 1 个大气压时，其相对介电常数为 2.21，介质损耗因数为 $8×10^{-4}$，聚丙烯复合纸在液氮中不同压力下的交流平均击穿场强如图 3-2 所示。国内 2013 年竣工的宝钢超导电缆示范工程就是采用聚丙烯复合纸作为电缆绝缘。

此外绕包绝缘材料还有聚芳酰胺纤维纸（Nomex）、高密度聚乙烯合成纸（Tyvek），聚酰亚胺（PI）薄膜、聚丙烯（PP）薄膜等材料。

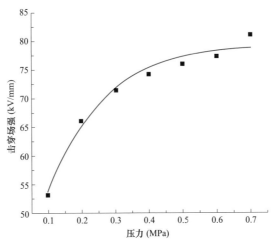

图 3-2 PPLP 的压力—击穿场强曲线

由于超导电缆绝缘的缺陷（杂质、突起、折痕、空隙等）及缺陷大小、数量在绝缘中随机分布的特点，绝缘的破坏不一定发生在电缆电场强度最大处。在超导电缆绝缘设计中，各国对超导电缆绝缘的设计原则有的采用平均场强设计，有的采用绝缘最大场强确定绝缘厚度，有的则兼顾考虑导体屏蔽电场场强和绝缘表面电场强度来确定绝缘厚度。

3.2.3 超导电缆柔性绝热管及外护套

由于超导电缆运行在液氮温区，与室温有超过 200℃ 的温差，需要有良好隔热效果的电缆绝热套来最大幅度减少环境对液氮的热量传输。同时为了便于运输和安装，电缆绝热套需要具有一定可弯曲性。

根据传热理论，热量有三种传递方式：传导、对流和辐射。现有低温杜瓦一般采用双层真空容器结构。层间抽真空并包有辐射屏等结构。真空环境可有效降低气体的热传导和对流。根据气体传热理论，当气体压力在 10^{-2}Pa 以下时，气体导热及对流会降低到非常小的程度。辐射屏可以有效降低辐射漏热。

工程中超导电缆柔性绝热套一般采用带有超级绝热材料的双层不锈钢波纹管制作而成，其中两层波纹管间抽真空并缠绕多层超级绝热材料，通过高真空隔绝空气传导和对流传热，同时采用带有镜面效果（低黑体辐射系数）的超级绝热层来降低辐射传热，从而降低了绝热套的漏热水平。

在早期的超导电缆示范工程中，由于电缆长度较短，一般采用超导电缆与柔性绝热套独立生产，然后再将电缆穿入柔性绝热套中。该工艺实施难度随着电缆长度增加而增大，对于商业化应用的大长度超导电缆，几乎不可实现。因此绝热套与电缆芯的一体化生产是超导电缆商业化应用的必经之路。

外护套是挤包在绝热管外侧聚乙烯护套。与传统电缆外护套作用不同，传统电缆外护套主要起到外侧感应电压绝缘作用和机械保护作用。超导电缆由于有良好屏蔽性能的超导屏蔽，外护套感应电压可以忽略不计，因此超导电缆外护套主要作用是用于保护不锈钢管波纹管，防止外部环境对绝热管的腐蚀，同时还可用于缓冲施工中的机械应力。

3.3　超导电缆附件

3.3.1　终端

3.3.1.1　终端功能

电缆终端是电缆末端与其他输配电设备进行连接的电缆末端引出装置。它是供电系统中必不可少的关键部件之一。超导电缆运行于液氮温区，通过超导电缆终端与传统电缆网络相连，达到输送电能的目的。

超导电缆终端是电能传输、液氮循环的节点，同时也是低温区与常温区的过渡点，是一种带有高压引线、接地引线以及测量引线等多个出线孔的异形双层真空杜瓦结构电力设备。其不仅要考虑较复杂的绝热问题以及液氮通过终端的循环问题，而且还要考虑复杂的电流、电压引出循环问题。在常规电缆终端中，电流的引出，通常仅需考虑接线端子与电缆导体如何实现可靠连接。而电压循环引出，实质是解决电缆末端的内外绝缘问题。然而在超导电缆终端中，电流的引出却是一个十分复杂的问题，因为电流引出必须从处于液氮温度的超导线芯引导至处于环境温度的接线柱上。在确保载流能力的同时还要必须有效降低由大温度梯度造成的漏热问题。引线的低温端与超导电缆超导带的连接也是一个需要十分注意的关键问题。

不同于常规交流电缆，超导电缆屏蔽电流是与导体电流大小接近的大电流，因此无法同传统电缆一样直接接地，必须在终端内部通过三相互连，相互抵消后再通过特殊的结构接入大地。

为了提升液氮沸腾温度，循环液氮一般运行在数个大气压的环境下，因此超导电缆终端还需要具备较好的耐压性能。

超导电缆终端也是监控电缆线路运行状态的关键节点，可监控状态量包括液氮温度、压力、液位、电流等。

3.3.1.2　终端结构设计

（1）终端壳体。工程终端结构采用普遍接受的 L 形布局，由于超导终端的

特点，采用 L 形布局可有效降低终端的高度，有利于终端的安装以及工程化
应用。

壳体采用的是双层真空杜瓦结构，即内容器内侧为有压力状态的液氮环境，
夹层为真空，外容器外侧为常温常压。

内容器的厚度设计一般参考 GB 150—1998《钢制压力容器》进行。

夹层采用复合真空结构。该结构具有良好的绝热保温效果，被广泛应用于
各种类型的低温杜瓦容器。一方面通过维持较高的真空度水平（<0.01Pa）有效
阻断气体对流和气体的传导传热；另一方面通过多层复合具有高反射率的超级
绝热材料，可有效降低辐射传热。

（2）电流引线及套管结构。电流引线作为终端内连接变压器（常温 293K）
和超导电缆（液氮 77K）的部件，其自身工作时所产生的焦耳热和来自外部的热
量会经由引线导入到液氮中，从而造成部分热损耗，增加制冷机的负担。因此，
在保证电流引线通流能力的情况下，尽量减少电流引线的热损耗，是电流引线
结构设计中需要考虑的重点。

决定电流引线性能的材料参数主要是热导率和电阻率。对于金属而言，如
果不处于超低温度下，一般遵循威德曼弗朗兹定律（WFL）

$$k(T)\rho(T) = LT$$

其中，k 是导热率，ρ 是电阻率，L 为洛伦兹常量，$L=2.45 \times 10^{-8} \mathrm{W\Omega K^{-2}}$。

该定律表明良导电体一般也是良导热体。一般情况下，材料的电导率（电
阻率的倒数）和热导率成正相关性。电导率越大，导电性能越好，发热量越少；
热导率越大，导热性能越好，传入的热量越多。

由于需要通过较大的负荷电流，电流引线需要足够的截面，但由于巨大的
首末端温差，大截面的金属引线必将导致大量的热量引入，给制冷系统带来更
大的负担。因此电流引线在确保载流能力的情况下必须尽可能降低截面以减少
电流引线漏热损耗。

套管部分由于已经处于室温环境，可以直接采用传统中高压电缆终端套管。
套管顶部为高压引出部分，底部为接地部分。为防止高低压间的闪络，套管内
部充有绝缘油提升绝缘性能，外部设有伞裙结构增加爬电距离。

除此之外，终端的相间安全距离也是电气性能一个重要的参数。工程电流
引线套管相间距离一般可根据 GB 50059—2011《35～110kV 变电所设计规范》
等标准设计。

（3）电缆端头的连接结构。电缆端头的连接结构主要目的是为了防止电缆在
终端内部产生不可控的位移。超导电缆在敷设时处于常温环境，而运行状态处于

液氮环境。因此在冷却过程中，电缆的冷缩热胀的不确定性会使电缆的收缩位置也处于不可控的状态。为确保电缆在终端内部位置的固定，需要使用电缆端头的连接结构将电缆与终端进行连接，确保电缆不会出现滑移。

由于电缆端头的连接结构需要将电缆与终端容器连接在一起，而电缆端头属于高压部分，终端容器属于接地部分，因此该连接结构需要具备充分的绝缘性。同时，为确保其能固定电缆在终端容器内的相对位置，其自身也需要具备足够的抗拉强度。

（4）连接软线部分。电流引线与电缆的连接也存在冷缩热胀的问题，不同于电缆端头的连接结构，电流引线的连接结构两侧均为高压，且不需要刚性结构。因此，电流引线的连接结构仅需保证足够的接触面积和一定的柔性。

3.3.2 中间接头

3.3.2.1 中间接头功能

作为长距离的超导电缆，中间接头是电缆中至关重要也是必不可少的一个环节。同终端一样，为了保证超导电缆的性能，电缆需要长时间浸泡在液氮中。超导接头同样需要在保证电缆的运行的液氮环境的情况下，尽可能的减少漏热。因此，液氮环境与外界环境之间必须要有隔热措施来保证液氮的稳定。但与终端不同的是，超导接头是电缆与电缆之间的连接，接头绝缘采用增绕绝缘形式制作，所以没有电流引线这样外部漏热，其结构相对较为简单。

同样的，由于循环液氮的压力，电缆接头也需要承受数个大气压的内部压力。同样，接头需要安装相应的温度和压力传感器，用于监测电缆的运行状态。

3.3.2.2 中间接头结构设计

（1）中间接头壳体。中间接头壳体与终端相同，接头壳体采用的是双层真空杜瓦结构，内容器内侧为有压力状态的液氮环境，夹层为真空，外容器外侧为常温常压。内容器的厚度设计可参考 GB 150—1998《钢制压力容器》设计。

对于研究性的线路，中间接头可采用承插结构连接，方便拆卸。对于工程应用线路，可考虑使用焊接结构，内外层均采用焊接结构连接，在工程现场实现焊接，完成焊接后进行抽真空。焊接结构的优点在于强度要明显优于承插结构，不存在接口密封部件老化引起泄漏的风险。

（2）中间接头的增绕绝缘接头。由于中间接头本质上是为了两根电缆连接而存在的装置，因此如何实现两根电缆连接则是超导接头的核心问题。

通常，采取的方式是通过合理布局电缆连接部分，将两根电缆从支撑体开始逐层连接，最终形成完整的"一根"电缆。两根电缆连接位置通过增绕绝缘接头来缓和电场。

（3）外部连接接口。中间接头外部连接接口主要用于连接测试接头压力、真空和温度的传感器。

3.4　冷　却　循　环　系　统

3.4.1　冷却循环系统功能

高温超导电缆的通电导体需要在其超导临界转变温度以下才能正常运行。液氮作为常用的低温冷媒，其沸点低于高温超导材料临界温度，且拥有良好的经济性，因而被用于浸泡通电导体确保工作温度。超导电缆冷却循环系统可循环提供足够的冷量以平衡超导电缆系统的热负荷，满足超导电缆冷却要求，维持合适的工作温度范围，使超导带材在超导态下运行，满足系统长期运行稳定可靠。

超导电缆冷却循环系统一般由制冷机、液氮泵、液氮输液管路等主要部分组成，该冷却循环系统是保证高温超导电缆正常运行的关键，但同时也是高温超导技术领域较薄弱的一环。为保证超导电缆发挥其最大优势，节约电能，必须保证制冷系统既能满足超导电缆冷却要求，又要保证制冷系统功耗最低，这对冷却循环系统长期运行稳定可靠性也是一个巨大考验。同时为了保障制冷系统的可靠运行，超导电缆冷却循环系统方案设计时需全面考虑，确保部分系统故障情况下，整个系统仍可正常运行，因此必须采用适当的冗余设计。

3.4.2　冷却循环系统组成

冷却循环系统为闭式过冷液氮循环模式。制冷系统通过终端恒温器与超导电缆恒温器相连，液氮从一个终端恒温器内进入，流入电缆恒温器内，并从另一个终端恒温器流出，经过回流管返回制冷系统。冷却循环系统通过过冷液氮把冷量送入超导电缆恒温器内用于冷却超导电缆。冷却循环系统由制冷机、液氮泵、冷却水系统、仪器仪表传感器、液氮输液管路、液氮储槽等主要部分组成。

3.4.2.1　制冷机

制冷机是冷却循环系统的最核心部件之一。它是整个系统冷量的源泉。对于超导电缆工程，理想的制冷机应具备可靠性高、效率高、价格合理、体积小等特点。制冷机的效率一般以 COP 来衡量，即提供单位冷量所需要消耗的能量。因为电缆系统的热量都需要通过制冷机来带走，所以制冷机 COP 可以理解为损耗的放大系数。

截至目前，常用的低温制冷机类型主要有布雷顿、斯特林、GM 制冷机、脉管制冷机等。表 3-1 列出了一部分已建成的电缆项目及各项目制冷机使用情况。

表 3-1 国内外已建超导电缆制冷机使用情况表

地点	项目	规格	DC/AC	制冷机	制冷机厂商	系统设计制冷能力	型号
德国	AmpaCity Project	10kV/40MVA/1000m	AC	液氮过冷冷却	——	——	50m³液氮罐
美国纽约	Hydra Project	13.8kV/96MVA/200m	AC	斯特林制冷机	Striling Cryogenics	6.2kW@72K	3 台：4kW @ 77K
美国长岛	LIPA Project	138kV/574MVA/600m	AC	布雷顿制冷机	法液空	5.6 kW @65 K	TBF80，效率 20%，13 万小时无故障
韩国首尔	韩国电力公司项目	22.9kV/50MVA/500m	AC	斯特林制冷机＋蒸发	Striling Cryogenics	8kW@80K	2 台：SPC-4LC，STIRLING
韩国济州岛	TASS Project	80kV/500MVA/500m	DC	布雷顿制冷机	太阳日酸	10kW@70K	1 台：NeoKelvin®-Turbo（10kW@70K）
日本东京	高温超导电缆实证项目	66kV/200MVA/240m	AC	斯特林/布雷顿	AISIN，前川	5.8kW@69K	5.8kW@77K
日本石狩	Ishikari Project	50MVA/1km	DC	斯特林/布雷顿	AISIN，太阳日酸	2kW@66K	2 台 NeoKelvin®-Turbo（2kW@70K）布雷顿制冷机 2 台斯特林制冷机 1kW@77K
中国上海	上海宝钢	35kV/120MVA/50m/冷绝缘	AC	GM 制冷机＋液氮过冷	Cryomech	3kW@70K	6 台+2 台备：GM AL600
中国云南	云南普吉	35kV/2000A/33.5m/常温绝缘	AC	GM 制冷机＋液氮过冷	Cryomech	1.75kW@70K	7 台：GM AL300

从目前的技术水平看，布雷顿制冷机优点在于单机制冷量大，维护周期长，

制冷效率相对较高。缺点在于体积大，价格相对较高。若能进一步降低成本提升效率是大型电缆系统的不错选择；斯特林制冷机单机冷量居中、体积相对小、价格相对低，但维护周期短；GM 制冷机单机体积小、但维护周期短，制冷量小，效率低，一般适用于小型电缆工程。大冷量脉管制冷机仍在研发中，其结构紧凑、维护周期长和造价相对较低将是其主要优势。

总体上由于超导电缆产业尚属于发展阶段，配套制冷机技术仍有很大的发展空间。尤其是制冷效率提升和维护性能的提升，都将是超导电缆产业发展的重要推力。

3.4.2.2　液氮泵

液氮泵是制冷系统的重要循环部件，其作用是提供液氮在超导电缆系统内循环的动能，使液氮在系统内稳定连续流动；液氮泵要在液体输送过程中保持低温，尽量减少冷损，否则可能引起液体的汽化而不能正常工作。液氮泵是系统中高磨损件和易故障件，需考虑备件和定期维护。

液氮泵按工作原理，可以分为往复式和离心式两大类。往复式液氮泵常用于压力高、流量小的系统，其流量是脉动的、不连续的。脉动的频率由转速决定。离心式液氮泵适用于低扬程、大流量的场合，其流量是连续的。

液氮泵主要根据扬程和流量的要求来进行选型，在满足扬程和流量的前提下，主要考虑液氮泵的可靠性、漏热量、维护方便性和连续运行时间等因素。常用的液氮泵有长轴型和短轴型两种。长轴型液氮泵的室温电机和低温叶轮通过薄壁长轴连接在一起，轴的材料为高强度、低热导率的不锈钢，具有漏热小的特点，由于轴比较长，在叶轮附近安装有低温轴承。短轴型液氮泵的轴比较短，主要通过叶轮和电机之间的防辐射屏来减少辐射漏热和对流漏热。有的短轴型液氮泵采用复合材料来制作转动轴，利用复合材料的低热导率来减少传导漏热。轴及叶轮外安装有真空夹套，减少环境对低温液体的传热。由于轴较短，短轴型液氮泵不需要安装低温轴承，一般转速高于长轴泵，且可连续运行时间更长。短轴型液氮泵维护时可以把电动机及叶轮从真空夹套取出，不影响液氮的循环，维护更加方便。

3.4.2.3　冷却水系统

冷却水系统是以水作为载冷介质，并循环使用的一种冷却系统，主要由冷却设备、水泵和管道组成。在超导电缆制冷系统中的低温制冷机等设备运行时需要冷却水。比如透平布雷顿制冷机、斯特林制冷机等都需要冷却水，因此需要为系统配备专用的冷却水系统。

对于大功率的冷却水系统，为节约能源，冷却水系统可采用"冷却塔＋冷水机组"串并联结合的方式。冷却塔利用较低的环境温度以及水分的挥发为系统提供冷量，可大幅降低制冷能耗。冷水机组采用技术较为成熟的工业冷水机组，在冷却塔无法提供足够冷量的时候，为系统提供冷量。

3.4.2.4　主要传感器及其作用

（1）温度传感器。温度传感器的作用主要是监测超导电缆系统中液氮管道进出口的液氮温度，以及冷却循环系统中各装置设备单元的关键温度参数。监测液氮温度是否达到运行参数要求，反馈控制冷却循环系统自动调节，根据其历史数据记录可以预判系统运行趋势，并能及时判断系统是否正常运行。常用温度传感器有铂电阻、热电偶、硅二极管等。

（2）压力传感器。压力传感器的作用主要是监测超导电缆系统中系统管道进、出口液氮运行压力，以及冷却循环系统中各装置设备单元的关键压力参数，监测液氮运行压力是否达到运行参数要求，反馈控制冷却循环系统自动调节，根据其历史数据记录可以预判系统运行趋势，并能及时判断系统是否正常运行。

（3）流量计。流量计的作用是测量超导电缆系统中的液氮循环流量，进而可以监测分析系统液氮流量是否正常，作为系统运行判断的重要参数。

流量的测量方法较多，因此流量计也存在各种样式。按原理划分，流量计有节流式，容积式，电磁式等多种，但由于结构和原理的不同，它们的使用场合也不同。

3.4.3　冷却循环系统设计

3.4.3.1　功能设计

冷却循环系统功能是带走电缆系统产生/引入的热量，使循环液氮保持过冷态，满足超导电缆系统运行温度的要求。

超导电缆系统产生/引入的热量主要包括输电损耗、漏热损耗和机械损耗三部分。其中输电损耗主要包括电缆交流损耗、接头电阻和电流引线电阻等阻性因素引入的损耗、其他金属材料因为处于交流电磁场而产生损耗和绝缘介质损耗等；漏热损耗指因为巨大的温差而传输到系统的热量，主要包括绝热套漏热、终端恒温器漏热、冷却循环系统漏热等；机械损耗主要指克服阻力维持液氮循环的能量损耗。

冷却循环系统的核心是制冷机和液氮泵。其中制冷机通过卡诺循环原理，为系统提供冷量。一般用能效比（COP）来衡量制冷机的制冷效率，即制冷功率与消耗的电功率比值。其理论效率可用以下公式获得。

$$COP = \frac{P_e}{P_r} = \frac{T}{T_0 - T}$$

式中：P_r 为制冷机功率；P_e 为制冷量；T_0 为制冷机所处环境温度；T 为制冷温度。

假设环境温 T_0=30℃（303K），制冷温度即液氮温度 T=77K，则 P_r=2.9P_e，COP=0.34。其值只取决于 T_0 和 T，与过程无关。然而现有制冷机制冷效率离理论值仍有较大差距，现有技术下，不考虑冷却水的所需功耗情况下，制冷机 COP 最高可做到接近 0.1。

值得一提的是，根据以上数据可以理解为超导电缆系统的实际功耗至少是电缆输电损耗的 10 倍。另外还需要考虑漏热损耗和机械损耗三部分。由此可见，除了在电缆结构和材料上深入研究外，研究如何提升制冷机效率，如何降低漏热损耗和机械损耗，对提升超导电缆系统节能减排具有重要的意义。

为平稳控制系统压力，一般冷却循环系统会设有压力缓冲容器，用来控制系统循环压力。

3.4.3.2　系统安全设计

由于冷却循环系统对电缆系统运行的重要性，为保障电缆系统的可靠性，一般冷却循环系统都有冗余设计，包括制冷量的冗余，制冷机、液氮泵等设备的冗余和供电系统的冗余，为极端故障下的系统运行提供可靠保障。

冷量冗余是指制冷机的最大制冷量必须可以维持电缆最高负荷时候的运行需求并有一定程度的裕度。设备冗余指制冷机、液氮泵等系统中的关键部件，至少有一套热备份，关键仪器仪表等装置可实现不停机在线更换。供电冗余一般指在系统供电失效时候的紧急供电系统，一般可采用柴油发电机、UPS 电源等。

除此之外系统安全设计还应该包括防雷、防火、防水、防浪涌等传统安全设计内容。

3.5　其　他　设　计

为了配合超导电缆的特性和敷设方案，超导电缆终端与电缆的连接方式类似电缆中间接头，为卧式结构，同时通过三个套管引出，通过接线板与常规导体连接。超导电缆与常规电缆的连接处与常规电缆类似，均为铜质接线板，考虑到不同的应用场景，推荐的连接方式和导体选型也有所不同。

常规的导体主要分为 4 种，分别为软导线、硬导线、电缆和绝缘母线。软导线和硬导线的表面并未覆盖绝缘层，导体表面带电运行，可以归类裸导体；电缆和绝缘母线的导体表面包裹了绝缘层、护套、屏蔽层等非导电层，在正常运行时，导体表面不带电，可触摸，这类导体统一归类为绝缘导体。

从经济性和可靠性考虑，当导体布置在户外空旷的场地时，超导电缆转为常规导体后，选择裸导体是最佳选择，此时布置简单、费用低同时载流量高，在各个方面具有明显优势。但实际工程中，应用超导电缆的地区一般为负荷高度集中区域，如城市中心、商业中心、集中商务区等，此时变电站的建设形式一般以全户内站为主，这样做可以较好地利用土地资源。但由于裸导体的带电性，无法满足电缆沟和电缆层的敷设需要，因此需考虑裸导体与电缆配合使用。

3.6 超导电缆示范工程的系统设计

3.6.1 超导带材

超导电缆示范工程采用国产第二代高温超导带材，超导带材由国内两家超导带材公司共同提供，分别采用离子束辅助沉积技术以及轧制辅助双轴织构基带技术两种工艺制备带材。为确保带材性能，对其开展了一系列性能测试，进行了性能验证。测试项目详见表3-2。

表3-2　　　　　　　　　　　　超导电缆用超导带材性能测试项目

序号	测试项目	说明
1	临界电流	材料基本性能
2	扭转试验	超导带材耐扭转性能
3	双弯曲试验	超导带材耐弯曲性能
4	低温应力试验	超导带材在低温下受应力情况下的临界电流退化情况
5	接头电阻试验	两根超导带材焊接后焊接段的电阻阻值
6	成缆后临界电流试验	验证超导带材成缆后综合性能

3.6.2 超导电缆本体

在超导电缆结构方面，工程选用三相统包结构即三相超导电缆芯共用一只柔性绝热套，这一结构能有效降低电缆的空间占用和电缆总体漏热问题。超导电缆总体结构如图3-3所示，具体设计参数如表3-3所示。

图 3-3　三相统包超导电缆

表 3-3　　　　　　　　三相统包超导电缆结构参数

序号	项目	参数	备注
1	电缆结构	三相统包	
2	铜衬芯截面积（标称值）（mm²）	400	
3	导体超导带（根）	31	15/16
4	绝缘厚度（mm）	5.5	
5	屏蔽超导带（根）	50	24/26
6	单芯外径（mm）	45.8	
7	电缆外径（mm）	186	

电缆绝缘材料采用聚丙烯复合纤维纸材料 IPP，其中 IPP 浸泡于液氮中，组成 IPP 复合纸与液氮的复合绝缘，绝缘厚度根据 GB 311.1—2012《绝缘配合　第 1 部分：定义、原则和规则》规定 35kV 电压等级的系统设备最高电压为 40.5kV，额定雷电冲击耐受电压为 200kV 的要求设计。在考虑了一定的裕度后绝缘厚度设计为 5.5mm，导体屏蔽和绝缘屏蔽分别为间隙绕包三层厚度为 0.12mm 的单色半导电纸。

工程中超导电缆柔性绝热套采用带有超级绝热材料的双层不锈钢波纹管制作而成，其中两层波纹管间抽真空并缠绕多层超级绝热材料。绝热套外层采用中密度聚乙烯作为保护套。柔性绝热套设计漏热小于 3W/m，设计最小弯曲直径为 3m。

绝热套采用了电缆和绝热套一体化连续生产工艺，该工艺解决了大长度超导电缆和绝热套的集成问题。本工程单根超导电缆长度约 400m，目前一体化连续生产工艺可生产超过 500m 长的超导电缆。

3.6.3 超导电缆附件

（1）终端。工程超导电缆终端采用常见的 L 型设计，总体结构如图 3-4 所示。为了实现电流引线漏热和焦耳热的最优化设计，工程电流引线采用分段变截面结构设计。室温区采用较大截面的实心电流引线，降低焦耳损耗，低温区采用较小截面的空心结构，减少传热损耗。电流引线和套管整体示意图如图 3-5 所示。三相套管间距设计为 400mm。

软线连接部分由电流引线连接部、铜软线、T 形端子三部分组成。其中电流引线连接部分与电流引线连接；软线的最主要作用是缓和垂直方向的热胀冷缩效应；

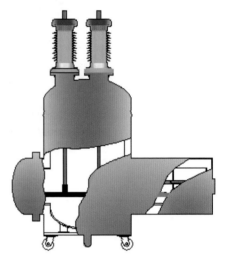

图 3-4　终端壳体示意图

T 形端子一端连接软铜线，一端连接电缆端头连接结构一端连接电缆。工程电缆连接软线的连接情况如图 3-6 所示。

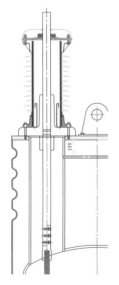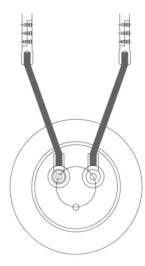

图 3-5　电流引线和套管整体结构示意图　　图 3-6　工程电缆连接软线的连接情况

每套终端占地面积约为 4.5m², 额定电压 35kV, 额定电流 2200A, 每套终端热负荷低于 600W, 终端与电缆的接口处可满足多次拆卸的要求。

（2）中间接头。工程中间接头杜瓦设计参考标准 GB 150—1998《钢制压力容器》, 内、外容器主体设计厚度分别为 8、5mm。夹层采用复合真空结构。中间接头电缆增绕绝缘接头如图 3−7 所示。

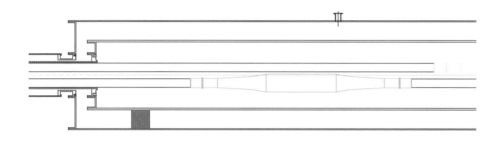

图 3−7　中间接头电缆增绕绝缘接头结构

考虑到中间接头的安装在地下空间, 无法避免地下水或其他不可预知的液体、固体接触。因此中间接头对外接口设计了一个具有防水功能的保护罩。完成外部接口的安装后, 将信号线等线缆穿过外部接口的缺口处, 并将防护罩焊接至外容器上（见图 3−8）。焊接完成后, 使用防水胶将信号线与防护罩的接口封闭。

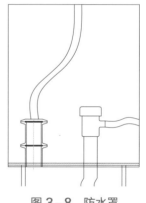

图 3−8　防水罩

3.6.4　冷却循环系统

由于本工程是首条运行于大型城市中心城区的公里级三相统包超导电缆工程, 其安全可靠性能是工程设计的重点内容之一。工程冷却循环系统考虑了充分的备份。制冷机方面工程共采用三套不同型号的制冷机互为备份, 每套制冷系统的制冷量都可独立支撑该工程的稳定运行。主制冷机采用透平布雷顿制冷机和斯特林制冷机, 制冷量大, 性能稳定, 满足系统制冷量需求。两套制冷机可互相切换使用, 满足主制冷机定期停机维护以及日常运行故障停机备份的需求。紧急备用制冷系统采用减压抽空制冷方式, 结构简单、可靠性高, 只需要液氮和抽真空泵即可实现制冷, 为极端故障下的系统运行提供可靠保障。

液氮泵采用短轴水冷离心式液氮，安装在泵箱中，为冷却循环系统提供动力（见图3-9）。系统共配备3泵箱，其中两台用并联的方式接入循环系统。在系统循环工作时，两台泵箱均处于冷态，一台泵箱参与循环，为循环系统提供循环动力，另一台处于待命状态，可随时快速切换至工作状态。第三台泵箱为备份，当接入系统的泵箱故障需要维修时，可把此泵箱替换故障泵箱。另外，进入泵箱的液氮管道上必须设置安装可方便拆卸的过滤装置，以保护液氮泵和气动阀等系统的运动部件。

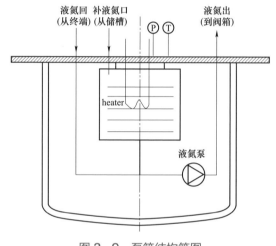

图3-9　泵箱结构简图

系统设置压力缓冲容器，底部通过管道与循环液氮连通，顶部设置补液管和增压管，所需液氮和增压氮气均由低温储槽提供；同时在控压容器内设置加热器，用来控制系统循环压力。

工程的水冷系统采用"冷却塔+冷水机组"串并联结合的方式，其循环动力为水泵，各自可独立进行检修。为了保证水冷系统的可靠性，水冷系统配备两台水冷机组、一个不锈钢水箱及两台水泵；配备一台高可靠性的冷却塔，冷却塔配备两台喷淋水泵。冷却水系统同时设置温度、压力和流量监测装置。每个支路的供水配备独立的进出水阀门，从而使得各个支路冷却设备相互独立，互不影响；在设备维修保护时可以关闭进、出水阀门，把设备进、出水管与设备脱离，方便设备维修；当冬季温度较低时，只开启冷却塔；当夏季温度较高时，可开启冷水机组，以满足系统对冷却水需求。

3.6.5　其他设计

示范工程中，结合变电站内现状，仓位情况，超导电缆在两侧变电站场地内设置超导电缆终端，超导电缆终端通过裸导体转换为常规 35kV 大截面电缆，经电缆沟、电缆层进行敷设，接入站内常规 35kV 间隔。由于超导电缆的载流量拟定为 2200A，普通大截面电缆无法满足与之匹配的输送容量要求，因此采用双拼常规电缆与超导电缆进行对接。

第4章

超导电缆工程的监测与监控系统设计

为了确保超导电缆本体及电网的安全稳定运行，超导电缆工程需配置完备的监控系统与继电保护和自动化装置。结合超导电缆的运行特性，本章详细介绍了超导电缆工程的监控系统，包括超导电缆系统监控、全线路综合监控及电网监控。根据监控信号的类别配置继电保护方案，确保超导电缆在异常及故障情况下，系统仍能安全稳定运行。本章最后介绍了示范工程的运行和保护。

4.1 超导电缆监控系统

超导体运行于超导态时有三个临界参数：临界温度 T_c、临界磁场 H_c 和临界电流 I_c。运行过程中任一个基本参数超过其临界值，超导体的超导性能就会消失，进入正常态。因此，为了确保超导电缆的正常运行，需实时对其状态参数进行监控，保证其在安全参数范围内持续运行。

4.1.1 监测量

为保障超导电缆本体及制冷系统各关键参量运行在可控区间内，超导电缆系统监控需关注电缆运行时电气量与非电气量的数值变化情况，如电流、电压、液氮温度、压力、流量等。并根据可能发生的故障类型及严重程度，按照监测量的重要性依次分为动作跳闸（跳开线路开关）、状态预警（产生告警信号）、数据跟踪（观察趋势）三种。

4.1.2　系统组成

　　按功能划分，监测站配置主要包括现场操作台、主控制器、分站控制器、传感器、执行器、网络交换机，以上设备为冗余配置，稳定性高，如图 4-1 所示。主控制器具备一定的数据处理能力，可运行自动控温、行为管控、设备互锁、自动报警、系统预警等算法；现场操作台是数据监控中心的远端组成，为系统的客户端，采用图形化界面的桌面系统。

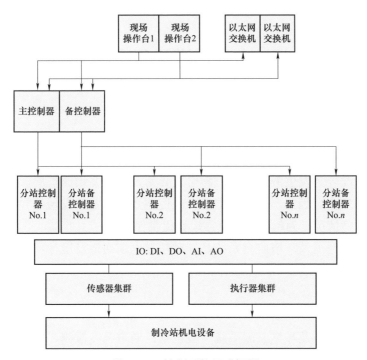

图 4-1　控制系统组成框图

　　按设备划分，监测站内主要设备包括电源柜、控制柜、动力柜，如图 4-2 所示。电源柜为监测站内设备提供电源。动力柜为制冷设备、循环设备、辅助设备等提供电源。PLC 控制柜作为本体监控系统的控制单元，获取超导电缆本体以及制冷系统的数据，并实现逻辑运算，为保护动作提供依据。

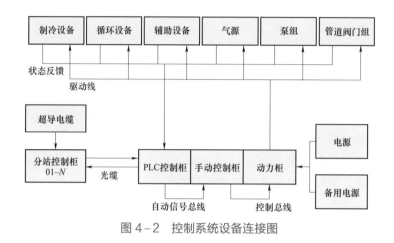

图 4-2 控制系统设备连接图

4.2 超导电缆通道及环境监测系统

地下电缆在使用中若受到外力破坏，将严重影响供电安全可靠性。因此，电缆通道是安全隐患排查治理的重点领域，是保障电网稳定运行、消防防范、运维安全的重点。

超导电缆一旦发生液氮泄漏，易引发异常及事故并迅速扩展，严重威胁人身电网设备安全。因此，有必要配置在线监测系统，及时发现超导电缆内部液氮泄漏等故障情况，为超导电缆可靠运行提供保障。

超导电缆通道及环境监测系统是针对超导电缆通道及运行环境的综合监测系统，对于超导系统安全稳定运行和状态评估有着重要意义。

4.2.1 监测量

超导电缆通道及环境监测系统一般包括：通道温度监测、通道振动监测、可视化系统、智能井盖系统、智能接头工井、泵房环境监测、沉降监测、电缆通道防外损系统。

通道温度监测系统，能够在监测火灾隐患的同时，对电缆表面异常降温进行警报，及时发现超导电缆内部液氮泄漏等故障情况，并进行准确定位。

通道振动监测系统，采用振动光纤报警系统，能够瞬间有效排除外界干扰，提供实时、可靠的入侵报警，使得相关人员能够迅速准确做出相应的行动。

通道可视化系统，在线路沿线安装高清视频监控系统可对线路全线进行实时监控，及时发现安全隐患。

　　智能井盖系统，选用带远程通信功能的井盖控制器，整个监控系统可以通过远程通信方式实现监控中心对各井口状态的实时监控，各井口控制器实时监控井口状态，对非法开盖状况实时报警传给监控中心，监控中心接警后立即将相关资料显示于监控计算机显示屏，并提醒值班人员接警，用户还可以在监控中心实现对各井口的布防、撤防，方便维护、检修。

　　智能接头工井系统，通过监测工井温度、湿度、液位、氧气、烟感、视频等信息，保证环境的安全可控，具体监测参量见表 4-1。

表 4-1　　　　　　　　　　　　智能接头工井监测参量表

序号	参数名称	序号	参数名称
1	工井温度	4	工井氧气
2	工井湿度	5	工井烟感
3	工井液位	6	工井视频

　　智能接头工井内监测设备布置如图 4-3 所示。

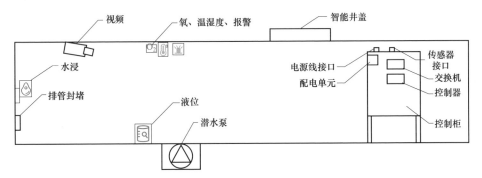

图 4-3　智能接头工井内监测设备设置布置图

　　泵房环境监测系统，通过监测泵房温湿度、液位、水浸、氧气、噪声、烟感、视频、门禁等信息，保证环境的安全可控，具体监测参量见表 4-2。

表 4-2　　　　　　　　　　　　泵房环境监测参量表

序号	参数名称	序号	参数名称
1	泵房温湿度	5	泵房噪声
2	泵房液位	6	泵房烟感
3	泵房水浸	7	泵房视频
4	泵房氧气	8	泵房门禁

沉降监测系统通过在电力管线内布置观测点，在运营过程中，实时监测电力管线垂直及水平位移，掌控电力管线整体变形情况，了解电力管线结构安全状态以明确电力管线结构现状，为控制施工进度和制订电力管线保护措施提供可靠依据。通道变形监测参量见表 4-3。

表 4-3 通道变形监测参量表

序号	参数名称	序号	参数名称
1	电缆通道变形监测下位机	10	变形事件编号
2	电缆通道变形监测下位机名称	11	变形事件分类特征编号
3	电缆通道	12	变形报警界别
4	电缆通道名称	13	变形发生时间
5	变形事件在下位机编号	14	变形事件持续时间
6	变形时间开始、持续、完成	15	变形事件发生位置
7	电缆通道物理防区	16	变形累计值
8	电缆通道物理防区名称	17	变形增量阈值
9	电缆通道逻辑防区编号		

电缆通道防外损系统主要为实时监测电缆路段的地面异动状况，对电缆路面的非法施工亮灯闪烁同时进行定位报警，通过短信方式发送给设备主人，达到防外损的预警作用。电缆通道防外损监测参量见表 4-4。

表 4-4 电缆通道防外损监测参量表

序号	参数名称	序号	参数名称
1	电缆通道振动监测机	8	振动发生时间：毫秒
2	电缆通道振动监测机名称	9	振动事件持续时间
3	电缆通道 ID	10	振动事件发生位置
4	电缆通道名称	11	振动平均强度
5	振动时间开始、结束	12	振动毫秒间隔
6	振动报警界别	13	振动值
7	振动发生时间	14	振动强度阈值

4.2.2 系统组成

超导电缆通道及环境监测系统所需完成的配套模块如表 4-5 所示。

表 4-5　　　　　　　　　全线路状态监测系统配套模块

序号	模块名称	序号	模块名称
1	通道温度监测系统	5	智能接头工井
2	通道振动监测系统	6	泵房环境监测
3	通道可视化系统	7	沉降监测系统
4	智能井盖系统	8	电缆通道防外损系统

通道温度监测系统由分布式光纤测温主机、测温光缆等部件组成。通过测温光缆对电缆及通道进行全天候 24 小时温度实时在线监测，全面掌握电缆本体全线温度，当某个点或多个点的电缆发生温度异常时，系统可迅速发出警报，精准定位电缆局部过热点位置。

通道振动监测系统由测振主机、测振光缆等部件组成。通过测振光缆可感应监测区域的振动或外力破坏情况（施工作业、偷盗等），并将扰动信号传递至系统主机。系统可对振动信号进行提取、分析及智能化的行为判别，判断出不同的干扰类型，实现预警和报警。

通道可视化系统由低功耗前端摄像机、光伏太阳能组件、长寿命储能单元、智能管理模块组成。可实时监控电力线路通道环境、隐患部位、设备状态、作业现场和应急抢修等，同时具备智能图像识别技术，可识别大型塔吊、挖掘机、土方车等施工器具；并且可联动分布式光纤通道防外破系统进行实时报警图片传送。

智能井盖系统由无源智能锁+智能电子钥匙+物联网环境监测模块组成。通过后台对智能电子钥匙的授权，对无源智能锁进行正常的开锁和关锁。一把钥匙可以授权开启多把无源智能锁。

智能接头工井系统由温湿度传感器、液位变送器、水浸探测器、氧气传感器、接头参数、视频、照明、控制器、交换机、配电单元等组成。

泵房环境监测系统由环境监测系统、门禁、视频系统及技防系统组成。具体系统结构图如图 4-4～图 4-6 所示。

沉降监测系统一般由静力水准仪、表面应变计数据采集单元、无线传输系统和应用终端四部分组成。各测量传感器采用数据线与数据采集、传输单元连接，再用无线传输系统将监测数据传至应用终端进行数据存储和处理。

电缆通道防外损系统由震动监测模块、供电电源模块、数据采集及通信控制模块组成。通过 NB-IoT、移动通信等物联网技术，构建基于太阳能警示标示的电缆及地下管线防外损管理系统。

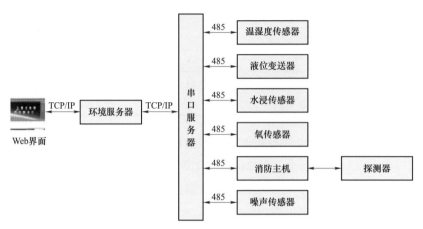

图 4-4　环境监测系统结构图

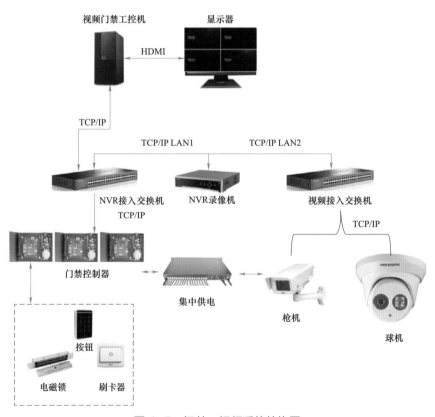

图 4-5　门禁、视频系统结构图

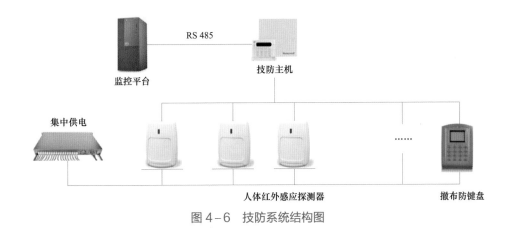

图 4-6 技防系统结构图

4.3 超导电缆电网监控系统

电网监控系统集成超导电缆及冷却系统的遥测及遥信量，实现对超导电缆的监视、测量、控制等功能，并具备与调度通信中心交换信息的能力。

4.3.1 监测量

（1）超导电缆遥测量：超导电缆的电流和有功功率。

（2）超导电缆遥信量：超导电缆保护动作信号。

（3）超导冷却系统遥测、遥信量，见表 4-6。

表 4-6　　　　　　　　　超导冷却系统遥测、遥信量信息列表

序号	变量分类	调度端信号名称	参数名称
1	制冷机故障	制冷机告警	一级制冷故障
			二级制冷故障 1
			二级制冷故障 2
			二级制冷故障 3
			二级制冷故障 4
		制冷机故障	三级制冷故障 1
			三级制冷故障 2
			三级制冷故障 3
			三级制冷故障 4
2	液氮泵故障	液氮泵故障	主液氮泵故障
			备液氮泵故障

序号	变量分类	调度端信号名称	参数名称
3	压力异常	电缆压力异常	电缆入口压力上限
			电缆出口压力上限
			制冷系统压力上限
		电缆压力系统故障	电缆入口压力下限
			电缆出口压力下限
			制冷系统压力下限
4	管道泄漏故障	管道泄漏故障	管道泄漏
5	流量异常	流量系统故障	流量下限
6	制冷系统失效保护	—	备自投继电保护
7	本体短路电流保护	—	直接继电保护
8	制冷系统温度	制冷系统温度异常	制冷系统温度
9	电缆入口温度	电缆入口温度高	电缆入口温度
10	电缆出口温度	电缆出口温度高	电缆出口温度

4.3.2 系统组成

超导电缆电网监控系统由测控装置、监控主机及远动通信装置组成，测控装置负责完成信息采集，监控主机完成超导电缆信息在站内的共享，远动通信装置实现向电网调度中心传送远动信号。

超导电缆遥测、遥信量，超导冷却系统遥测、遥信量均通过测控装置或保测合一装置采集，并通过站内现有的监控主机及远动通信装置实现站端及调度端的监测功能。

4.4 超导电缆保护原则

超导电缆传输功率大，一旦发生故障，特别是短路故障，若不能快速和可靠地切除，将对电缆本体造成严重损害，并可能危及整个电力系统运行的稳定性。因此，配置具有全线速动的继电保护装置是保证超导电缆以及电网运行安全的重要手段。

4.4.1　超导电缆线路主保护

目前全线速动的输电线路主保护方案主要有分相电流差动保护、高频闭锁（允许）距离（方向）保护、导引线差动保护等，其中分相电流差动保护具有简单可靠，动作速度快，选择性好等优点，特别是随着光纤通信技术的快速发展，输电线路差动保护在实现技术方面的瓶颈已不复存在，因此，以光纤通信为基础构成的高温超导电缆差动保护是最具应用前景的主保护方案。

与架空线路和常规电力电缆相比，超导电缆电阻很小、分布电容很大，将分相电流差动保护用于电缆线路时必须考虑分布电容和高频分量的影响，在超导电缆保护配置中必须加以考虑。目前超导电缆长度很少超过公里级，虽然超导电缆每公里电容比常规电缆大，但由于电压等级低、线路短，计算得到的电容电流仍然较小，不影响差动继电器动作行为，因此目前超导电缆线路差动保护不需考虑电容电流补偿。但随着今后超导电缆长度不断增加，电压等级不断升高，电容电流将越来越大，可能会影响差动继电器的动作行为，应进行仿真分析和实测，并采取补偿措施。

4.4.2　超导电缆线路后备保护

目前输电线路后备保护主要有距离保护和过流保护。对于距离保护，随着电网输电容量的不断增加，电网的短路阻抗变得越来越小，一旦发生短路，短路电流一般会超过超导电缆输送的临界电流，超导电缆的电阻会随着故障电流的增大迅速增大。另外，公里级超导电缆距离短、正常运行时阻抗较小，导致上下级距离保护的配合非常困难，且超导电缆在失超状态下阻抗大幅增加，导致整定极其困难，因此距离保护不宜作为超导电缆线路后备保护。

而对于过流保护，主要根据大、小方式下短路电流的大小并考虑一定的灵敏度，上下级配合，不拒动不误动，由于超导电缆距离短，相对于系统阻抗及下级线路的阻抗来说，即使在失超状态下，超导电缆的阻抗也相对较小，对短路电流的影响并不大，因此可以参照常规的过流保护整定规程进行整定计算，确保超导电缆在通过短路电流后在温度达到超导电缆允许的温度上限前切除故障，以确保超导电缆性能不会发生不可恢复的损伤。

综上，超导电缆线路后备保护采用过流保护。

4.4.3　超导电缆本体非电量（失超）保护

对于公里级超导电缆线路，应在超导电缆本体配置非电量（失超）保护。

超导体运行在超导态时有三个临界值:临界温度 T_c、临界磁场 H_c 和临界电流 I_c。超导体在运行过程中上述三个基本参量任一个超过临界值,超导体的超导性就会消失,部分进入"正常态",目前国内外对超导体的失超检测都是围绕这三个基本参量展开。影响这三个参数的主要因素有冷却系统故障、超导电缆内部故障、短路故障等。因超导电缆的温度、液氮压力、液氮流量能够直观地反映超导电缆状态,所以常规的失超保护一般由对上述非电气量的监测构成,但考虑到基于非电气量的失超检测方法存在的共性问题就是非电气量变化缓慢,不能及时反映失超的发生,当电缆出现严重短路故障时,在很短时间产生大量的焦耳热,严重危及超导电缆的安全运行。因此为了快速、准确地检测出失超故障,需要将基于非电量的失超检测方法和基于电力系统电流、电压等参数综合起来进行判断。

由于超导电缆本体一般由超导电缆制造商运行管理,而超导电缆则通过断路器接入电网,超导电缆的本体非电量保护也需要通过系统保护(或操作箱)装置实现超导电缆的本体故障切除功能。

4.5 超导电缆信息通信

4.5.1 通信链路

一般来说,监控系统与电力调度的通信,是由数据中心来执行的,目前遵循 IEC 61970/61850 标准来发布故障信息和其他需要发送的信息。

为了减少过渡介入电力调度的内部系统,通信系统设置一个信息中转系统来连接双方的系统,具体实现方案如图 4-7 所示。

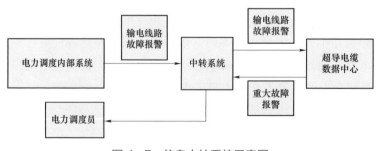

图 4-7　信息中转系统示意图

超导电缆数据中心集成了本体监控、通道监控的数据，通过中转系统与电力调度进行交互，中转系统位于电力调度端，面向电力调度员，电力调度的内部系统与中转系统为单向数据传输，只需要将输电线路故障报警传递至中转系统和超导电缆数据中心。同样，超导电缆数据中心会将超导电缆的重大故障报警传递至中转系统和电力调度员，中转系统由电力调度部门负责开发和维护，遵照双方约定的通信规约进行数据通信。

电力调度系统包含了电网监控数据，需要提供输电线路故障报警，包含的信息主要有短路故障及短路电流信息、雷电冲击故障及过压过流信息、超导电缆投切信息、其他同线路的投切信息、其他运行信息等。

以上通信和接口，需要在电力调度系统侧开放广域网接口，采用专用点对点 VPN 设备，VPN 设备由电力调度系统指定型号。

信息进入中转系统后，由于超导电缆系统的完整信号资源涉及到多个专业的协同工作，应制订并遵从一定的信息分配原则，信息分配的路径关系如图 4-8 所示。来自超导电缆系统的信号直接由监控系统采集，其内部集成的诊断程序将信息按故障级别分类转发给维护人员，包括操作员、巡检员、维修员和技术小组，同时将故障报警转发给继电保护和电力调度系统，形成对超导电缆运行维护的闭环管理。此外，监控系统也会集成高级的专家系统，对运行数据进行精炼分析，给维护人员提供更加有价值的信息和指导。

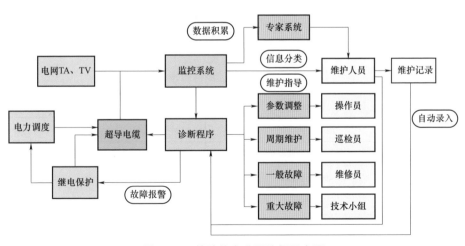

图 4-8　故障信息分配路径示意图

4.5.2　故障报警上传机制

报警信息的设立，是为了确保报警机制的完备性，在极端条件下超导电缆

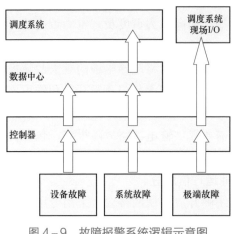

图4-9 故障报警系统逻辑示意图

数据监控中心失效时，现场设备会根据故障的严重程度，直接向电力系统的现场接入设备发送报警，如图4-9所示。

接入方式可以采用继电器式隔离信号接入方式，为单向信号接入，只能包含极其有限的信息，如轻故障和重故障。该报警通道在监控系统调试的初期起到过一定程度的作用。除此以外，也可以采用继电器接入+现场总线接入，可以提供更多的故障分类信息，并具有较高的可靠性，数据中心与调度系统互不干扰。

4.6　超导电缆示范工程监测、运行与保护

4.6.1　监测配置

示范工程针对电缆运行时的关键参量，如超导线路的电流、有功功率、超导线路的保护动作信号、制冷机告警、液氮泵故障、制冷系统温度等，结合制冷系统的反馈信号，确立表4-7的本体监测信号。

表4-7　　　　　　　　　　超导电缆本体监测信号表

序号	变量参数	数据类型	级别
1	短路电流保护	开关量	直接保护
2	制冷系统失效保护	开关量	
3	制冷机故障	开关量	状态预警
4	液氮泵故障	开关量	
5	压力异常	开关量	
6	管道泄漏故障	开关量	
7	温度异常	开关量	
8	压力异常	开关量	
9	流量异常	开关量	

序号	变量参数	数据类型	级别
10	制冷系统温度	模拟量	
11	电缆入口温度	模拟量	
12	中间点 1 温度	模拟量	数据跟踪
13	中间点 2 温度	模拟量	
14	电缆出口温度	模拟量	

同时在通道中配置了全线路状态检测系统，主要包括：分布式光纤测温测振一体监测系统、可视化系统、智能井盖系统、智能接头工井、泵房环境监测、沉降监测、电缆通道防外损系统。

4.6.2　运行与保护

电网正常运行时，超导电缆为 220kV 徐汇 B 站五段、六段母线供电，常规电缆作为超导电缆的备用处于热备用状态。一旦超导电缆发生故障，超导电缆退出运行，迅速切换至原有常规电缆为系统持续供电。原来四回常规电缆作为超导电缆的备用，处于热备用状态，输送负荷约 72MVA；最大输送能力状态下，超导电缆可输送负荷达 133MVA，供电覆盖面积达 7.5 平方公里。

示范工程超导电缆配置了"纵差保护＋失超保护"为主保护，过流保护为后备保护的综合保护策略，并设计了进线备自投装置。当超导电缆发生本体外破、制冷机故障、管道泄漏等故障时，超导电缆纵差保护或失超保护动作，及时将超导电缆退出运行，同时启动进线备自投装置，切换至常规电缆为电网及用户持续供电，确保电网运行的可靠性及超导电缆的安全性。超导电缆线路保护配置如图 4-10 所示。

在超导线路两侧各双重化配置两套主后合一的微机型线路保护装置（含完整光纤纵差、后备过流保护、重合闸和操作箱功能，重合闸功能不采用）。

目前，超导线路保护主要配置纵联差动保护和过流保护。由于超导电缆在220kV B 站分两路开关接入，并且超导本体监控系统监测到超导电缆异常需要切除超导电缆，示范工程中超导线路保护在原有的线路保护基本功能上增加了两路 TA 电流接入和非电量保护开入功能，其他具体区别如下：

（1）示范工程线路保护具备双 TA（电流互感器）接入功能，220kV B 站断路器对应的 TA 分别接入线路保护，220kV A 站断路器对应的 TA 接入线路保护TA1，第二组 TA 不接入电流，线路保护直接取和电流计算。

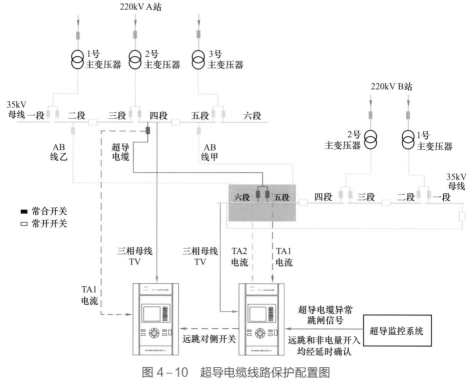

图 4-10　超导电缆线路保护配置图

（2）220kV B 站超导线路接入两段母线，现场需配置电压切换装置，根据断路器位置切换电压给线路保护用。

（3）220kV B 站断路器两个跳闸位置串联接入线路保护 TWJ（跳位继电器），两个断路器合闸位置并联接入 HWJ（合位继电器）（该接线方式保证在 220kV B 站先合任一个断路器时，线路的手合故障保护能投入运行；一个断路器合上后线路差动保护就能投入运行）。

4.6.3　自动控制装置

示范工程为保证系统安全可靠，超导线路故障自恢复需求，设计了进线备用电源自动投入装置，如图 4-11 所示。进线备用电源自动投入装置同时控制断路器 1QF、2QF、3QF、4QF 共 4 个进线断路器。其中，断路器 1QF、2QF 对应备用电源自动投入方式一；断路器 3QF、4QF 对应备用电源自动投入方式二，备用电源自动投入方式一和备用电源自动投入方式二两种方式逻辑一致。

备用电源自动投入方式一或者备用电源自动投入方式二充电完成后各有 3 种启动方式，① B 站超导电缆母线失压启动；② 超导线路保护跳闸启动；③ 超导电缆异常（超导电缆本体监控系统发出异常信号）启动。其中方式①、②启

动方式通过判断母线无压、进线无流均满足时启动备用电源自动投入，方式③
通过接收超导本体监控系统告警信号启动备自投。

　　线路备用电源自动投入功能就是当备用电源自动投入方式一、备用电源自
动投入方式二启动时，本装置先跳开断路器 2QF 和 4QF，再合线路断路器 1QF
和断路器 3QF。

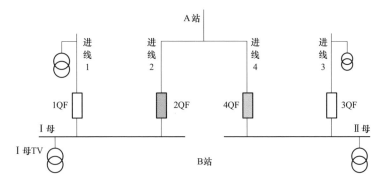

图 4-11　进线备用电源自动投入系统图

第 5 章

超导电缆工程的敷设与验收

前面章节已经全面介绍了超导电缆各系统的设计与制备，本章主要讲述超导电缆工程的敷设方式、现场施工要点、工程验收要求。由于超导带材的机械性能与传统导体有较大差异，其敷设时牵引力、侧压力、弯曲半径等参数无经验可循，故详述了施工过程中的难点与瓶颈，通过敷设试验、理论计算，采用创新技术和巧妙设计将问题一一攻克。最后，以上海工程为例，讲述了通道设计、工程建设的方案和要点，为超导电缆在城市中的应用提供参考。

5.1 超导电缆工程项目建设

超导电缆敷设完毕后为外部环境温度，而运行温度为液氮温度 77K，巨大的温度变化会使得超导电缆收缩并承受较大的机械应力，可能危及电缆的运行安全。对超导电缆项目来说，设计中需要面对的问题比常规电缆复杂得多，除了热伸缩问题以外，还应考虑安装空间选择、施工方案选择等问题。

5.1.1 超导电缆通道形式选择及路径设计

5.1.1.1 超导电缆路径选择制约点

根据现阶段超导电缆生产制造工艺以及国内外实际相关项目情况调研结果，目前超导电缆长度无法做到很长。世界范围内投运的超导电缆工程长度均在 1km 内，尚未有超过 1km 的实际运行案例。将超导电缆应用长度从 1km 级提升到 2km 级，目前仍存在一定的难度。主要有两方面瓶颈：

（1）若线路长度超过制冷系统液氮泵的扬程，制冷系统有可能需要设计成两个子系统，此时电缆需要采用塞止接头。而塞止接头的制造技术难度大，目前国内在这方面的研究有局限，国际上也没有类似工程，因此相关技术研发难度大，存在一定风险。

（2）超导电缆生产需要大量长距离、参数性能稳定可靠的超导带材。目前连续长距离稳定制备带材的技术难度较大，对生产企业要求较高。因此超导带材的产能也是限制工程应用大长度电缆的因素之一。

除了电缆长度的限制以外，由于超导电缆的外径较大，在工程选点时，通道因素也将成为主要限制因素。

5.1.1.2　超导电缆的通道形式

类比常规电缆，可选择的超导电缆通道型式主要有明敷、直埋敷设、排管敷设、电缆沟敷设和隧道敷设。

（1）明敷。将电缆线路直接放置在地面上的敷设方式称为明敷，一般工程中主要在变电站内、桥梁内部等外界人员不易直接进入的场所采用。明敷电缆具有敷设方式简单的优点，但缺点相对明显，电缆在明敷方式下无构筑物或土壤保护，相对易于受到外力破坏。

在已建的超导电缆示范工程中，有部分案例采用了明敷方式，例如日本 super-ACE 项目（见图 5-1 和图 5-2）、日本铁道项目等。其中日本 super-ACE 项目具有明显的试验性质，项目整体设置于试验厂区内，日本铁道项目主要沿既有铁路轨道沿线敷设。上述项目相对通道条件较好，且无外人闯入的风险，因此采用了明敷这一敷设型式。

由于目前超导电缆相对造价较高，可靠性要求高，从明敷型式对电缆防护方面的不足这一角度出发，明敷型式在实际电网建设中大规模推广的可行性较差。不建议在除站内、桥内等具备特殊条件的场地外使用该敷设型式。

（2）直埋敷设。将电缆线路直接埋设在地面下的敷设方式称为直埋敷设，直埋敷设适用于地下线路不太密集的城市地下走廊。直埋敷设不需要大量的土建工程，施工周期较短，是一种较经济的敷设方式。直埋敷设的缺点是，电缆较容易遭受机械性外力损伤，容易受到周围土壤的化学或电化学腐蚀，电缆故障修理或更换电缆比较困难。

根据国外超导电缆敷设现状，采用直埋敷设的超导电缆一般在敷设通道处采用防护栏进行保护，避免外力破坏。在环境、地下资源等条件均具备的情况下，直埋敷设可作为超导电缆的一种敷设型式。

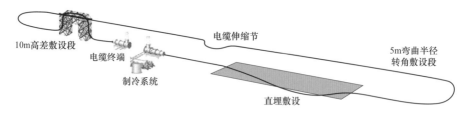

10m高差敷设段　电缆终端　制冷系统　电缆伸缩节　直埋敷设　5m弯曲半径转角敷设段

图 5-1　日本 super-ACE 超导项目敷设示意图

图 5-2　日本 super-ACE 超导电缆明敷情况

（3）排管（穿管）敷设。将电缆敷设于预先建好的地下排管中的安装方式称为电缆排管敷设。排管敷设适用于交通比较繁忙、地下走廊比较拥挤的位置，一般在城市道路的非机动车道，也有建设在人行道或机动车道。在排管和工井的土建一次完成之后，相同路径的电缆线路安装，可以不再重复开挖路面。电缆置于管道中，大大减少了外力机械损坏的可能性。排管敷设较直埋敷设的缺点是，土建工程投资较大，工期较长。

将超导电缆敷设于排管中时，由于超导电缆的外径较大，在敷设安装时需采用合适内径的排管管材，并需采取保护措施。为了超导电缆的顺利敷设，需间隔一定距离设置电缆工井。电缆工井按用途不同分为敷设工作井和接头工作井，平面形状有矩形、"T"形、"L"形和"十"字形。工井内净尺寸的确定，必须同时考虑电缆在工井中立面弯曲和平面弯曲所必须的尺寸。

美国 Albany、美国 LIPA、德国 ESSEN 等工程中超导电缆均采用穿管敷设方式，实际工程案例较多（见图 5-3 和图 5-4）。

（4）非开挖拖拉管及平行顶管。非开挖水平定向钻进铺管技术始于 20 世纪 70 年代，随着社会的进步和经济的发展，随着城市市容的不断改善和交通、建筑保护意识的不断提高，传统的开挖铺设地下管线的施工方式越来越不能适应社会发展和人们对市容市貌的要求。同时，随着地下工程建设和应用的日益广泛，开挖方式越来越表现出很大的局限性和明显的不足之处，非开挖定向钻进铺管技术是在不开挖地表或尽量少开挖地表的情况下，采用非开挖水平定向钻机将管线埋入地下的一种方法技术。

图 5-3　美国 LIPA 工程穿管敷设

图 5-4　德国 ESSEN 工程穿管敷设

它具有不影响交通、不破坏环境、施工周期短、对周围居民正常生活影响小，社会效益高等的优点。同时，还可以在开挖施工无法进行或不允许开挖的场地(如穿越河流、湖泊、重要交通干线、重要古迹等)进行施工。非开挖技术可广泛应用各种地下管线，如通信、电力、煤气、供水、天然气、排水等地下管道的铺设施工。在大多数情况下，尤其是在繁华市区或地下管线埋设较深时，非开挖方法是一种很好的管道施工方法。在特殊情况下，如穿越河流、铁路、公路等，非开挖定向钻进施工方法更是一种首选的施工方式。

非开挖定向钻施工方法具有上述优势的同时，也具有造价较高、施工曲线控制精度较低以及电缆穿管敷设牵引力较大等问题。考虑到超导电缆重量一般较重，穿管敷设的牵引力以及侧压力是限制超导电缆应用该通道型式的主要原因。但在超导电缆工程中应用非开挖敷设方式并非无法实施，例如美国 Albany 工程中电缆通道即采用了非开挖定向钻工法。美国 Albany 工程超导电缆长度约350m，共分两段，分别长 320m 以及 30m。其中 320m 段超导电缆穿管通道采用水平定向钻工法施工完成，下钻深度约 5m（见图 5－5）。

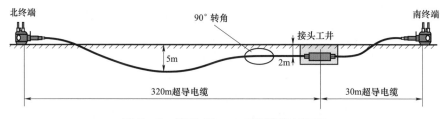

图 5－5 美国 Albany 工程路径剖面图

顶管技术利用千斤顶的推力，将管道从工作坑穿过土层一直推到接收坑，同时将紧随的管道埋没在两坑之间。顶管相较于非开挖拖拉管而言，其可以实现水平顶进的要求，有利于超导电缆的敷设施工。平行顶管敷设型式的缺点在于其施工成本较高，施工设备及其操作空间、基坑开挖面占地面积较大，应考虑场地条件是否合适。

（5）电缆沟敷设。将电缆敷设于预先建好的电缆沟中的安装方式，称为电缆沟敷设。电缆沟采用钢筋混凝土或砖砌结构，用预制钢筋混凝土或钢制盖板覆盖，盖板顶面与地面相平。它适用于并列安装多根电缆的场所，如发电厂及变电所内、工厂厂区或城市人行道等。

根据国外超导电缆敷设现状，超导电缆敷设于电缆沟内的案例较多。国内宝钢超导电缆示范工程全线敷设在厂区中的电缆沟内，电缆通道长度约 0.05km。然而，在超导电缆线路较长时，线路往往需要穿过数条交通要道，并沿道路人行道或非机动车道敷设，运维检修不便，给城市交通也带来较大影响，同时持续的交通负荷对电缆沟内的超导电缆也是一种安全隐患。因此电缆沟多用于变电所内部，在变电所外部，当线路较短时也可使用，但在超导电缆线路较长时，建议采用电缆沟结合其他敷设方式。

（6）隧道敷设。将电缆线路敷设于已建成的电力隧道中的安装方式称为电力隧道敷设。电力隧道是能够容纳较多电缆的地下土建设施。隧道敷设消除了外力损坏的可能性，有利于电缆安全运行。缺点是隧道的建设投资较大，土建

施工周期较长，是否选用隧道作为电缆通道，要进行综合经济比较。宝钢超导
电缆示范工程电缆沟如图 5-6 所示。

图 5-6　宝钢超导电缆示范工程电缆沟

由于电力隧道建设成本较高，在超导电缆线路路径周边有已建隧道可直接
利用时，可考虑采用隧道敷设，如需新建敷设通道，则建议结合周边电网规划
及通道建设条件进行建设方案比选，最终确认是否新建电力隧道。

从已建的超导示范工程经验上看，韩国高敞高温超导电缆工程即采用了隧
道敷设型式，如图 5-7 所示。

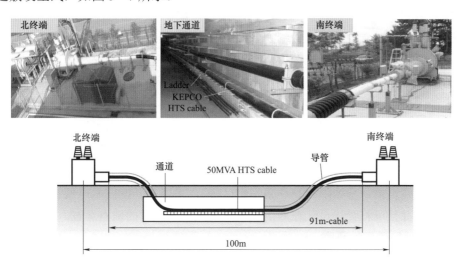

图 5-7　高敞高温超导电缆现场图和示意图

5.1.1.3　超导电缆通道的外部影响

（1）电缆工程常见外部影响因素。电缆线路大多建设在城市中，大多沿道

路、绿化敷设。随着城市各种市政建设的不断完善，以及市民维权意识的不断提高，电缆线路建设的外部环境也日趋复杂。目前电缆工程常见的外部因素有：

1）电缆线路和其他市政管线、道路、河流在交叉穿越时产生冲突；

2）电缆线路通道上存在建筑物或构筑物，影响电缆通道的正常贯通；

3）电缆线路建设与市民利益发生冲突，或市民对电力设施存在恐慌，阻挠电缆线路施工。

（2）直埋敷设外部影响分析。根据规程规定，直埋电缆严禁位于地下管道的正上方或下方和各种市政管线的相互允许距离，应满足相关规范安全距离要求。在市政管线日益密集的区域，必要的安全距离使得直埋电缆的建设难度越来越大。实际上，在不少大城市的中心区域，直埋电缆已经不适应城市发展的需要。

（3）排管、电缆沟敷设外部影响分析。排管、电缆沟和直埋敷设一样需要进行开挖施工，而且往往通道内需敷设多回电缆，开挖面大于直埋敷设。考虑适当的施工作业空间，排管和电缆沟在施工期间断面宽度至少在 3.5m 以上。仅从开挖断面来看，排管和电缆沟对外部环境的影响比直埋电缆更大。

随着施工技术的进步，排管在穿越道路、河流时可采用非开挖技术。主要在合适位置选择入土点和出土点，就能有效减少对道路、河流的影响，有效避让复杂的市政管线，降低穿越时的建设难度。

排管和电缆沟由于土建和电气施工时分离的，因此在土建施工期间，和市民的矛盾主要集中在施工对日常生活的影响，如中断交通、渣土堆放、泥水泥浆排放等。相对直埋敷设。受到各方面的阻力相对小一些。

（4）隧道敷设外部影响分析. 电力隧道施工分为明挖和暗挖两种。明挖的施工方式和电缆沟类似，相应的外部影响也近似。与开挖施工技术相比，暗挖施工技术的主要优点是：

1）非开挖施工可不阻断交通、不破坏道路和植被，因而可以避免开挖施工所带来的对居民生活和交通的干扰，以及对环境、建筑物基础的破坏或影响。

2）在开挖施工难以进行或根本不允许进行的情况下（如穿越河流、交通干线、重要建筑物、特殊障碍物和繁华市区等），采用非开挖技术可使管线施工成为可能，并且可将管线设计在施工工程量最经济、合理的地点穿过。

5.1.1.4　地貌适应性研究

城市地貌是超导电缆线路建设的重要环境因素之一，地貌对各种通道形式的影响主要集中在通道施工阶段和电缆运行阶段两方面。正确认识和评价地貌可以为电缆通道形式的选择和建设提供重要参考和决策依据。

（1）直埋适用情况。电缆直埋在地貌方面的主要不利因素包括以下几种：

1）地势起伏较大，导致电缆敷设和电缆运行存在诸多不便。

2）过高的地下水位，导致开挖过程中需要不断降低沟槽内水位，使建设工期和工程造价大大上升。

3）地表覆土层较浅，基岩直接出露或埋藏很浅，导致沟槽开挖难度大大增加。

4）冻土层较厚，不利于冬季电缆沟槽开挖，不利于电缆在冬季安全运行。

5）地表河流、湖泊密度，不利于电缆直埋通道的选择，同时建设难度增加。

（2）排管适用情况。排管在地貌方面的主要不利因素包括以下几种：

1）地势起伏较大，导致排管弯曲半径过小，无法施工。即使排管能施工，电缆敷设也存在较大困难。

2）地表河流、湖泊密度，导致需要大量非开挖作业，工程建设难度和工程投资大大增加。

3）地表覆土层较浅，基岩直接出露或埋藏很浅，导致开挖难度大大增加。

（3）电缆沟适用情况。电缆沟在地貌方面的主要不利因素包括以下几种：

1）地表覆土层较浅，基岩直接出露或埋藏很浅，导致开挖难度大大增加。

2）过高的地下水位，导致开挖过程中需要不断降低施工作业面的水位，使建设工期和工程造价大大上升。

（4）隧道适用情况。隧道施工方法可分为明挖和暗挖两种，明挖隧道地貌适应性和电缆沟类似。暗挖隧道主要不利因素有：

1）隧道施工位于复杂地层，包括含水层、卵砾层、硬岩等。

2）隧道工程沿线高差较大，无论是在隧道内敷设电缆还是今后运行维护均存在很大不便。

5.1.2　超导电缆敷设施工

电力电缆敷设工作是电缆线路施工中极为重要的部分，特别是针对超导电缆这一新型设备，为了保证超导电缆敷设过程的安全，防止电缆受损，需要一定工艺要求才能实现。根据前文中对于电缆通道型式的分析，直埋敷设型式的可靠性较低，超导电缆直埋敷设在后续工程中的应用场景较少，因此本节将针对排管敷设、隧道敷设、电缆沟敷设这三种型式所涉及的施工工艺进行介绍。

5.1.2.1　排管敷设施工要点

超导电缆敷设施工前，应对建成的排管先用疏通器对排管进行疏通检查。为确保通道完好，满足不同敷设方向上的电缆均能够顺利、安全的敷设，疏通检查时应对排管进行双向疏通。疏通过程中如发现疑点，应采用管道内窥镜进行检查，确保排管内不得有因漏浆形成的水泥结块及其他残留物，且衬管接头处应光滑，不得有尖突。

当发现排管内有可能损伤电缆护套的异物，必须将其清楚。清除方法可用钢丝刷，铁链和疏通器来回牵拉。只有当管道内异物排除、整条管道双向畅通后，才能敷设电缆。

由于超导电缆自重大、外径粗，管道内敷设过程中的摩擦力也较普通电缆要更大，因此，在超导电缆施放过程中，可在外护层上均匀涂抹一层中性润滑剂，以降低超导电缆在排管中的摩擦系数。

普通电缆利用排管通道敷设时通常以图 5－8（a）所示方法进行敷设。针对超导电缆，同样是由于超导电缆外径粗，允许的最小弯曲半径大，因此建议电缆盘搁置的位置距工井井口留有一段距离，采用图 5－8（b）所示的引入方法。这种引入法，在工井口到电缆盘之间每隔 1.5m 以内搭建滚轮支架一挡，在工井内按电缆弯曲半径的规定搭建一组圆弧形滚轮支架。在工井井口处应用波纹聚乙烯（PE）管保护电缆，排管口要用喇叭口保护。

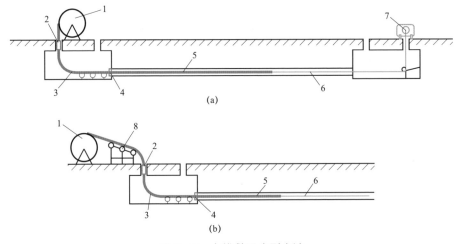

图 5－8　电缆敷设牵引方法

（a）普通电缆引入工井方法；（b）超导电缆引入工井方法

1—电缆盘；2—波纹聚乙烯（PE）管；3—电缆；4—喇叭口；5—排管；6—钢丝绳；7—卷扬机；8—放线架

在电缆盘处、工井口及工井内转角处搭建的放线架，应将电缆盘、牵引机、履带输送机、滚轮等布置在适当的位置，其中电缆盘应有刹车装置。制作牵引头并安装防捻器，在电缆牵引头、电缆盘、牵引机、转弯处以及可能造成电缆损伤的地方应采取保护措施，有专人监护并保持通信畅通。

鉴于超导电缆敷设牵引力及侧压力限制的要求，应根据敷设牵引力及侧压力的计算结果，在排管通道中间的工井内合理设置输送机，并与卷扬机采用同步联动控制。排管敷设施工前与施工后，应电缆外护套绝缘电阻进行检测，并作好记录，以监视电缆外护层是否受到损伤。

电缆展放完毕后，工井内排管口处应做好防水封堵。超导电缆在工井内应采用夹具固定在支架上。夹具与电缆之间以塑料护套作衬垫。从排管口到支架间的电缆，必须安排适当的回弯，以吸收由于温度变化所引起电缆的热胀冷缩，从而保护电缆和接头免受热机械力的影响。

超导电缆排管敷设时，还需注意如下问题：

（1）电缆外管径宜符合：D（D 为管子内径，mm）≥1.5d（d 为电缆外径，mm）；

（2）电缆敷设时，电缆所受的牵引力、侧压力和弯曲半径应根据不同电缆的要求控制在允许范围内；

（3）在电缆牵引头、电缆盘、牵引机、过路管口、转弯处以及可能造成电缆损伤的地方应采取保护措施。

5.1.2.2　隧道敷设施工要点

（1）蛇形敷设。在隧道内的支架上敷设的电缆与敷设在排管内的不同，因为在隧道内的支架上敷设的电缆能沿半径方向滑移不如排管那样受到管壁阻碍，当电缆在轴向伸长时其伸缩量往往会集中到电缆盘绕残留弯曲处，使电缆从支架上隆起而产生不规则的热伸缩滑移现象，为防止该类不规则的滑移一般是采用连续蛇形敷设方法。该方法是利用各个蛇形弧幅宽来吸收电缆的热伸长量，使电缆滑移均匀，避免因热机械力集中在某个局部而造成电缆损伤。

蛇行敷设可分为水平蛇形和垂直蛇形二大类，一般是取决于电缆的敷设空间。水平蛇形需要增加一定的敷设宽度，垂直蛇形则需增加敷设的高度。在使用防火槽盒的情况下时垂直蛇行敷设比水平蛇形敷设较为不便，一般采用水平蛇行敷设较多。

水平蛇形敷设电缆时按设计的蛇形波节进行，在每个波节段用非磁性电缆夹具固定，夹具的间距和蛇形波的最大幅值取决于电缆的质量和刚度。垂直蛇形敷设要在每个蛇形弧顶把电缆固定于支架上，为防止电动力作用使电缆滑落，要用绳索把电缆扎紧在支架上。

在施工时，无论电缆进行那种蛇形敷设时，必须按照设计规定的蛇形节距和幅度进行电缆固定。

（2）同步敷设。隧道内电缆敷设系统包括输送机、滚轮、卷扬机以及相应电气控制系统等，其中输送机是主要的电缆敷设动力之一。对于长距离电力电缆的敷设，其过程需要多台敷设机才能完成。按照超导电缆敷设工艺的要求，电缆在敷设过程中不能承受超过规定的牵引力及侧压力，否则会使电缆受伤。在使用多台输送机进行电缆敷设时，必须要求输送机的运行速度保持一致，这样才能保证电缆在敷设过程中受力均匀。

随着网络化控制技术的发展,选用现场总线控制方案,采用光缆或通信电缆来实现信号的传输,大大减轻了信号传输线的重量和体积,控制结构简单、可靠。

在敷设电缆过程中,输送机能够在集中控制器控制下,实现顺动、联动、单动等功能,以满足敷设工艺的要求。每台输送机自身也能够独立进行操作控制。为了能够使用电动滚轮,一起配合敷设电缆,专门设计一台电动滚轮集中控制盘,可以代替原有的集中控制盘。该控制盘可以独立运行,也可以受控于敷设系统的集中控制器。敷设系统的供电采用总线形式。电源由主控制器输出,并对其控制。根据现场情况,考虑分布供电的方式来解决。隧道内电力电缆敷设系统如图 5-9 所示,隧道内电缆敷设系统控制原理示意图如图 5-10 所示。

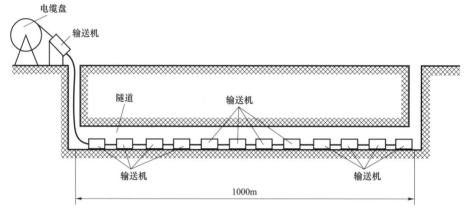

图 5-9 隧道内电缆敷设系统示意图

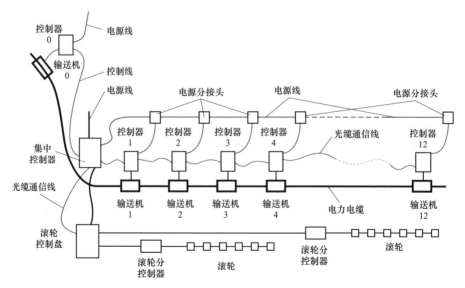

图 5-10 隧道内电缆敷设系统控制原理示意图

5.1.2.3 电缆沟敷设施工要点

电缆沟敷设施工前，需揭开部分电缆沟盖板。在不妨碍施工人员下电缆沟工作的情况下，可以间隔方式揭开电缆沟盖板。然后在电缆沟底安放滚轮，采用卷扬机和输送机牵引电缆。电缆牵引完毕后，用人力将电缆放置在电缆支架上，最后将所有电缆沟盖板恢复原状。

对于短距离电缆沟，电缆敷设方式可参照排管工井的型式进行敷设；在超导电缆引入电缆沟处，应参照工井引入方式搭建滚轮支架。在电缆沟转弯处，搭建转角滚轮支架，以控制电缆的弯曲半径，防止电缆在牵引时受到沟边或沟内金属支架擦伤。

对于长距离电缆沟，可参考隧道方式进行敷设。

5.1.3 超导电缆热伸缩对策设计

超导电缆冷热状态转变造成的热伸缩变化是超导电缆敷设的一个重要考虑因素。从国内外已有的超导电缆冷缩率数据来看，当超导电缆从室温降温至超导运行温度时，其缆芯的收缩率在 3.0‰～3.1‰，超导电缆所采用的绝热管的整体收缩率在 1.2‰～1.3‰左右。上述结果可视为电缆敷设的限制条件，进而设置伸缩弧以吸收电缆热伸缩、保证电缆的安全运行。

尽管理论上有必要针对电缆在不同敷设方式条件下均采取冷缩应对措施，但因排管内无法有效开展应对作业。因此，主要从工作井、接头、终端处采取有效固定、合理设置伸缩弧等方法以应对电缆冷缩，并一定程度减少由此产生的机械力，避免终端等损坏。

5.1.3.1 接头处敷设及固定方案

电缆的冷缩会使得电缆附件受到拉伸，严重时将损坏电缆接头绝缘性能，造成超导电缆损坏。参考常规电缆接头，其敷设时需通过接头抱箍将接头固定于电缆支架，接头两段电缆均采用刚性固定形式，随后设置弧形以吸收电缆热伸缩、防止接头损坏。超导电缆也可采用与之类似的固定方案：接头采用抱箍或托架形势支撑固定中间接头，接头两侧采用 1～2 个夹具进行刚性固定。

接头两侧电缆使用夹具固定，夹具后侧设置一定的伸缩弧，用以吸收电缆一部分的热伸缩量。图 5-11 为伸缩弧弯曲半径为 4.2m 时的一种布置方案，其中，伸缩弧节点长约 6.2m。可通过加大接头区域尺寸来增加伸缩弧尺寸，从而进一步增加可吸收的热伸缩量。

5.1.3.2 终端处敷设及固定方案

超导电缆通常以水平方式接入超导电缆终端头。电缆接入终端前通过夹具将电缆固定于电缆支架，后逐渐弯曲转入地面以下，电缆弧度满足弯曲半径要求。美国 AEP Bixby 项目户外空气终端如图 5-12 所示。

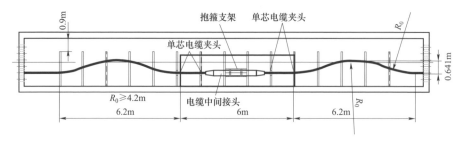

图 5-11　超导电缆接头布置俯视示意图

图 5-12　美国 AEP Bixby 项目户外空气终端

图 5-13　美国 Albany 项目户外空气终端

出于超导电缆冷缩特性的考虑，建议超导电缆终端可加装导轮并安装于导轨之上。在超导电缆的降温收缩过程中，通过导轨上电缆终端的滑移保证电缆本体在该过程的收缩应力得到有效限制，保障超导电缆本体安全。美国 Albany 项目即采用了该种方式（见图 5-13）。

除了上述滑移补偿的方式外，在电缆终端处采用 U 形补偿也是解决超导常温安装、低温运行所带来的温差冷缩问题的主要应对措施之一。在电缆终端处采用 U 形敷设型式，通过绝热管的机械变形补偿电缆的收缩（见图 5-14）。

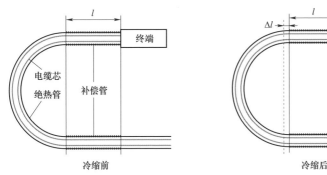

图 5-14　U 形敷设补偿原理

5.1.3.3　普通工井内敷设及固定方案

在工井内设置横向弯曲幅度可有效吸收部分超导电缆的热伸缩量，同时，电缆在工井内的弯曲半径应满足超导电缆最小限值的要求（见图 5-15）。

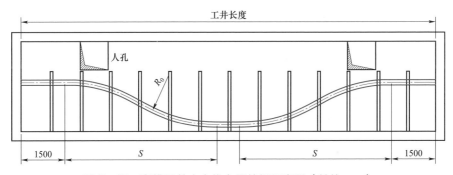

图 5-15　直线工井内电缆布置俯视示意图（单位：m）

通过在排管间工井内设置热伸缩弧的方式来应对电缆的热伸缩，从而保障电缆的安全运行。固定时工井端部可采用可滑动导轨支撑，中间电缆可自由滑动，电缆与支架间通过半导电滑板等材料降低摩擦力，从而减少对外护套的磨损。

除上述固定方式外，也可考虑采用如图 5-16 所示的形式进行固定。在该固定方式中，水平导轨设置于支撑支架上方，可滑动抱箍设置于水平导轨之上、沿水平导轨方向移动。此时，常温状态下超导电缆敷设状态如图 5-16 黄色曲线所示，抱箍固定于红点位置；当降温后，电缆逐渐缩短至黑色曲线状态，抱箍固定于绿点位置。

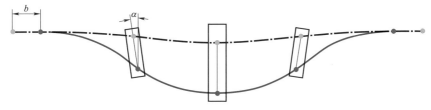

图 5-16　伸缩弧处电缆固定方式

另一方面，当电缆敷设于转角工井时，转角工井短边侧需预留足够长直线段，用以预留电缆敷设时输送机的设置空间（见图5-17）。

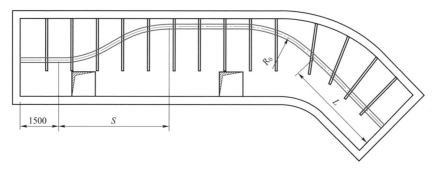

图5-17　转角工井内电缆布置俯视示意图（单位：m）

5.2　超导电缆工程验收

与常规电缆相比，超导电缆工程在建设的工程处理中主要多了两个工序：真空处理和系统预冷。其中，真空处理，是对超导电缆绝热层抽真空；系统预冷，是利用液氮将超导电缆从常温态冷却至超导态。

在对超导电缆工程验收时，需对超导电缆的工程安装质量和电气性能开展测试。主要包括五个内容：绝热性能测试、制冷系统试验、电气性能试验、继电保护验收试验和在线监测系统试验。

下面将对以上内容详细展开介绍。

5.2.1　绝热系统的真空处理

绝热系统包括超导电缆本体、中间接头的绝热管和终端杜瓦。超导电缆绝热管是影响电缆整体漏热的重要因素，一般来说，超导电缆安装完成后的漏热在1~2.5W/m。当超导电缆的漏热越小时，超导电缆的效率越高。因此，需对超导电缆的绝热管进行真空处理，使得其漏热满足要求。

当绝热管完成生产后，由于内外壁材料表面具有较高的洁净度，不锈钢壁中氢气之类的溶解气体以及低分子量气体会挥发扩散，导致绝热管内外壁会存在脱气现象。为了防止这些气体导致真空度降低，必须长时间对绝热管抽真空，使得内部气体尽量完全挥发，进而使其满足漏热的要求。此外，在超导电缆的转弯处，漏热会高于直线段，相应地会对电缆整体热负荷产生一定的负面影响。

超导电缆的绝热系统可能是一个整体的密闭空间，也可能是多个单独的密闭空间。例如，当超导电缆由多段组成时，每段超导电缆的本体与中间接头的绝热管互不连通，每个密闭空间均需抽真空。对超导电缆接头和终端而言，其绝热管的空间远小于电缆本体，材料中析出的气体量小于本体，真空处理时间也将远小于本体电缆的处理时间。

5.2.2　系统预冷

超导电缆系统从常温态到超导态的过程称为系统预冷。一般在超导电缆所有的绝热系统都达到高度真空状态后开始预冷，直至超导电缆冷却至液氮温度。

超导电缆的预冷一般采用液氮进行填充，其温度从环境温度以一定的梯度依次下降，每个梯度温度保持几十至数百小时，以使得超导电缆的首末端的温度平衡、均能达到温度的设定值。在预冷过程中，宜对电缆本体、中间接头及终端进出口的温度与液氮的流速同步进行监测。

为了检查超导带材质量、电缆导体与电缆终端焊接质量以及其他缺陷，预冷前后需测量电缆的直流电阻，并进行相间比较。

5.2.3　绝热系统测试

5.2.3.1　压力试验

出于安装过程中需要装配等考虑，超导电缆的一些部件在运输前无法做试验。因此，在超导电缆、超导终端、系统管路与制冷系统连接组成完整的超导电缆系统后，需在预冷前对整个系统进行压力试验，以验证其安全性和密封性。

整个系统使用干燥的氮气进行压力试验。系统应在压力试验前清理疏松氧化皮、杂质、焊锡丝及任何外来物质。如果安全阀或爆破片在室温下的开启压力小于测试压力，则安全阀或爆破片应用盲板替换。系统需连接压力气源，并采用必要的安全措施。一般地，最大试验压力是电缆系统额定运行压力的 1.1 倍，系统以正常运行压力的 10%逐级升压，直至到达最终的最大试验压力，每级保持 2min。第二级升压过程中（到达最大运行压力的 20%处），应使用肥皂液或其他检漏液对整个系统进行泄漏检查。当到达最大试验压力后，压力保持 10s，然后将压力降到最大运行压力并保持 10min。

在压力试验过程中，压力应无明显下降，超导电缆系统应无渗漏、无损伤、无异常变形。当泄漏量不影响在所需时间内保持系统的试验压力时，允许为了试验而安装的临时垫片和密封件出现极小范围的泄漏。

5.2.3.2　真空试验

在超导电缆运抵工程现场前，已完成部分绝热系统的抽真空工作。但考虑到温度、搬运环境等条件的影响，在工程现场仍需对所有绝热系统开展真空试验，包括出厂前已经密封的绝热系统和安装过程中产生的绝热系统。

对于工厂密封部分开展真空试验时，应考虑到温度影响，测量值应与工厂封口时测得的最后一次数值进行比较；对于安装过程中产生的真空区域开展真空试验时，应通过测量漏率来评价其真空度。

5.2.3.3　气密性测试

超导电缆系统在装配完成、通过其他验收项目后，宜对超导电缆本体、中间接头、终端、回流管、制冷系统等的绝热系统开展气密性测试。一般地，在工程中可采用肥皂泡检漏的方式进行粗略地检漏、采用氦质谱检漏的方式进行精细地检漏。两种检漏方式均可结合压力试验或真空度试验开展。

5.2.4　制冷系统试验

制冷系统是超导电缆有别于普通电缆的重要附属装置，在工程验收阶段应对其机械性能及各项功能功能进行全面测试，主要包括：基本功能测试、整体制冷循环试验和制冷机切换试验。

5.2.4.1　基本功能测试

为了保证制冷系统的正常运行，并达到要求的指标，需要对诸多热工参数进行控制，例如温度、压力、流量、液位等。因此，在制冷系统安装完成后，需对其基本功能开展测试。

（1）温度点测试：测量接线箱内对应温度点端子的阻值，对比室温下阻值和温度的关系，判断连接良好性。

（2）压力点测试：在接线箱内给各路压力变送器端子串联电源供电，测量电流信号是否合格。

（3）液位点测试：在接线箱内给各路液位变送器供电端子提供电源供电，测量电流信号是否合格。

（4）真空度测试：给接线箱内真空规管供电端子提供电源供电，测量模拟量0～10V端子电压并根据说明书上的公式进行计算，比较对应的真空度。

（5）阀门测试：在接线箱内给阀岛供气，并给每个阀门供电端子提供电源供电，观察阀门是否动作、反馈点是否有信号。

（6）其他设备：其他设备需查看设备供电连接是否正确、供电连接线线径是否满足负载需求、接线箱内接线端子是否连接牢固；小型设备可直接在接线箱内端子上施加电压观察动作情况，大型设备需要配合软启或变频器等设备方能进行验证。

5.2.4.2　整体低温循环试验

整体低温循环试验应在完成超导电缆系统整体气密性测试的基础上开展。试验主要将液氮注入制冷系统的液氮循环管道,在系统达到液氮温区后,增加系统压力,使得液氮沿着管路循环流动,直至系统压力达到运行压力。

制冷系统最低运行压力应符合高温超导电缆绝缘耐压要求。高温超导电缆出口温度应不高于系统要求。试验过程中应无严重漏冷点。

5.2.4.3　制冷机切换试验

由于从制冷机开启到其出口温度达标需要较长时间,因此,当制冷机组不少于两套时,应在交接试验中开展制冷机切换试验,以确保正式投运后制冷机切换时电力系统能稳定供电。

为模拟超导电缆突发故障以及最严苛的切换环境,切换条件设置为:先关闭第一组制冷机,然后开启第二组制冷机并调节至最大制冷功率。建议每半小时记录一次制冷系统的出口温度及入口温度,持续 8~10h。

试验过程中制冷系统出口温度和入口温度突变值应在允许范围内,且超导电缆系统温度最大值不超过系统允许值。

5.2.5　电气性能试验

完成气密性和压力检测后,在整个超导电缆管道内充满液氮,并根据电缆实际情况冷却足够时间,直到管道内温度降低至液氮温度。超导电缆冷却完毕后,针对超导电缆的载流能力、绝缘强度和损耗情况分别开展相应的直流电流试验、交流耐压试验、介质谱和损耗检测试验。下面对各试验检测的具体方法展开叙述。

5.2.5.1　直流电流试验

为验证超导电缆的通流能力,一般地,在超导电缆制造阶段的例行试验中开展临界电流试验,在超导电缆验收阶段开展直流电流试验。

超导电缆每相的导体层和屏蔽层均应开展直流电流测试,以验证两层超导带材的通流能力。当超导电缆采用三相统包结构或屏蔽层未引出、不具备试验条件时,亦应通过可能适当的测试方法来验证屏蔽层中超导带材的完整性。

当超导电缆较长时,建议将每两相的导体首尾分别连接以构成回路开展测试。直流电流测试回路如图 5-18 所示。根据国际标准建议,直流电流最大试验电流为 1.41 倍的设计额定电流值,以电流增加的幅值不最大 20%的试验值逐级增加,每级保持 15min,在达到最大试验电流值后降至设计值,保持至少一小时。

当每一步测得的电压电流的比例恒定时,认为通过直流电流试验。

5.2.5.2　交流耐压试验

当预冷过程结束、液氮充分浸渍超导电缆的绝缘层后,对超导电缆施加交流电压。加压方法可采用与常规电缆类似的串联谐振方式,试验电压的推荐值如

表 5−1 所示，最高电压施加持续时间为 1h。

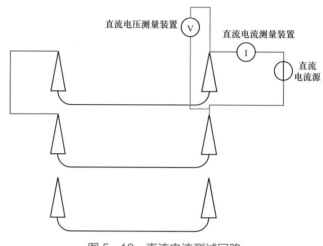

图 5−18　直流电流测试回路

表 5−1　　　　　　IEC 国际标准中推荐的现场交接耐压试验电压

额定电压（kV）	试验基准电压 U_0（kV）	安装后耐压试验（kV）
U	U_0	$U_0 \leqslant 87\text{kV}$：$2U_0$； $U_0 > 87\text{kV}$：$1.7U_0$
6	3.6	8
10	6	12
15	8.7	18
20	12	24
30	18	36
45～47	26	52
60～69	36	72
110～115	64	128
132～138	76	132
150～161	87	150

5.2.5.3　介质谱或介质损耗试验

超导电缆的介质损耗可以通过常规介损测量法或介质谱测量法进行测量。

常规介损测量法采用西林电桥或传统的电缆介损测量仪，在超导电缆预冷过程中每隔一段时间对其进行测试，每次测试需记录超导电缆出入口的温度、电容量以及介质损耗值。

介质谱测量法的测试频谱更宽，反映的绝缘状态较全面。测量时在主绝缘系统两端加上不同频率的交流电压，通过测量交流电压下整个轴对称复合绝缘系统产生的电流，可计算得到相应频率下的介损和电容值。典型介损频率特性曲线如图 5-19 所示。

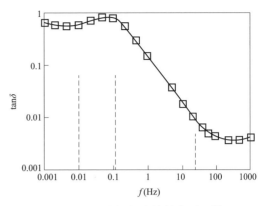

图 5-19　介损频率特性典型图谱

5.2.5.4　损耗检测试验

超导电缆的损耗是影响其运行经济性的关键因素。超导电缆系统的主要损耗源于本体、接头、终端、电流引线等结构。交流超导电缆的损耗主要包括导体交流损耗、漏热损耗、绝缘介质损耗、低温系统损耗和电缆终端损耗。

目前，国际上损耗测量方法有电测法、热测法和磁测法，超导电缆交流损耗常用方法是前两种。电测法是基于锁相或者补偿线圈装置测量交流损耗的一种方法，具有测量快速、精度高的优点，适合测量超导损耗。

对于带有终端的超导电缆系统验收阶段，热测法更为适合。热测法是将超导带材放置于真空低温容器中，交流损耗使得超导材料产生一定的热量，测量超导体表面的温升或者超导材料损耗引起的低温介质挥发量，来得到交流损耗。

5.2.6　继电保护验收试验

常规的线路继电保护装置配置主要有纵联差动保护和过流保护。超导电缆以本体保护及纵联差动保护为主保护，过流保护作为后备保护，其中本体保护相关内容在第四章中开展了论述。同时，为了满足电力系统的故障自恢复需求，示范工程首次研制了进线备用电源自动投入装置，保证在超导线路异常时常规线路自动投入运行，电力系统不失电。

超导电缆继电保护二次验收试验应包括保护屏检查及清扫、端子箱检查及清扫、压板检查、屏蔽接地检查、空气开关检验、插件外观检查、绝缘检查、装置直流逆变电源测试、通电初步检查、交流量精度测试、开入量检查、充放电功能试验、保护定值校验、整组试验以及带负荷测试等多个项目。

其中，保护屏检查及清扫、端子箱检查及清扫应做到保护屏后部、接线箱（柜）内部清洁无尘，接线应无机械损伤，端子、螺栓压接应紧固；绝缘检查应摇测交流回路对地、直流回路对地及交直流回路之间的绝缘电阻；交流量精度测试应检查交流电压、电流模拟量的输入采样幅值和相位是否合格；开入量检查应核对开关量输入变位、开入量输出接点是否正确；充放电功能试验应在模拟正常运行工况时检查系统充电是否完成、装置充电灯是否点亮、自动化后台信号是否正确，在模拟符合放电条件的工况时检验系统能否放电；保护定值校验应对定值进行整定、确保核对正确以及校验合格。

整组试验应进行故障模拟，检查断路器出口跳合闸是否成功、检验出口连接片是否正确、防跳功能是否完好，同时还应检查继电器显示动作信息、录波信息和自动化信号是否均正确。此时，需针对新增进线备用电源自动投入装置进行整组试验。通过模拟不同故障，查看进线备用电源自动投入装置是否能正确投运，确保电网稳定运行。

带负荷测试需在负荷电流不小于 $10\%I_n$（额定电流）时进行，测量得到的电流、电压幅值和相位应符合一次潮流走向。在交叉试验合格、检查继电器差动电流为 0 后，纵差保护方可投运。

5.2.7 在线监测系统验收要求

超导电缆系统的监测包括对制冷系统相关参数的监测、本体电参量的监测以及超导电缆通道的监测。制冷系统相关参数包含了冷却系统运行所必须的温度、压力、流量、真空等数据，本体电参量的监测以电流、电压、局部放电为主，通道的监测包含光纤测温测振以及通道外部视频监控等。

在线监测系统调试时，制冷系统相关的监测传感器需开展安装前的校验工作，安装完毕后随制冷系统试验同步观测传感器数值变化趋势。本体局放信号的监测系统在开展校验后完成安装，电流及电压量的校验随二次设备交接试验同步开展，通道监测系统需在开展校验及功能测试后进行安装。

5.3 超导电缆示范工程的施工建设

5.3.1 工程方案

5.3.1.1 示范工程路径及通道形式选择

为了确保超导电缆示范工程建成后安全可靠运行，新建电缆通道需满足高可靠性的要求，因此不建议采用可靠性较差的明敷以及直埋的方式。在电力隧道、电缆沟、电力排管这三种通道形式中，电力隧道的环境条件最好、防外破能力最强，但其造价最高，建设过程需占用的地下空间也最多；电缆沟在城市路网中不具备长距离建设的条件；电力排管具备一定的防外破能力，在建设过程中相对灵活，可实施性较高，建设经验也相对成熟，且在国外相关示范项目中已有应用先例。

另一方面，上海电网是目前我国最大的城市电网，上海电力电缆通道主要为电力排管。对于城市建设开发强度较大、地下管线较为密集的区域而言，电力排管具有实施便利、通道集约的优点。本次超导示范工程实施地点位于上海市核心区域，根据周边地下空间以及道路条件排摸，实施电力隧道可行性较低。

综上所述，同时考虑到超导电缆工程未来在城市电网应用中的可推广性，超导示范工程主要采用排管的通道形式，在终端站前及局部有条件区域采用电缆沟型式，局部路段采用了水平顶管工艺。

5.3.1.2 超导电缆通道概况

示范工程中考虑到超导电缆敷设过程中对侧压力要求较高，线路设计过程中尽量避免了 90° 大转角的情况。当路径条件受限亦可采用增大转角工井内径尺寸，减小电缆转弯半径的方式来减小电缆敷设过程中的侧压力。当线路需跨越河流的情况出现时，考虑到大高差敷设将对超导电缆敷设造成不利影响，因此，为确保工程可实施性，暂不考虑采用非开挖方式，均设计采用桥架方式过河。

对于传统城市地下电缆排管而言，为了应对市政道路路由弯曲，与市政管线交叉穿越等情况，排管关节接续处大多有夹角的存在。考虑到超导电缆前后各有一处直管法兰段，由任意一段牵引均无法避免直管法兰在管道内牵引通过。因此，排管路径在设计过程中需保证排管顺直，确保直管法兰能够顺利在管道内通过。

综合上述超导电缆对于电缆通道建设的制约因素，示范工程超导电缆敷设路径如图 5 - 20 所示。

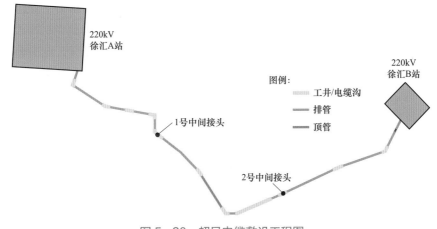

图 5 - 20 超导电缆敷设工程图

示范工程超导电缆设置中间接头两处，分三段敷设。全线设计新建工井数量共计 9 座（标记编号 B1～B9 号，不计站内），利用现有过河电缆沟 1 座。

5.3.1.3　排管断面设计

上海示范工程中超导电缆的成缆外径可达到 190mm，每盘电缆两端端部设置有外径 200mm 的绝热管法兰，外置液氮回流管的外径可达到 150mm。从电缆外径角度来看，超导电缆的尺寸相对常规电缆有很大程度的增大，而常规电力排管的内径一般小于 200mm，显然不满足敷设超导电缆的要求。因此，对于超导电缆所利用的排管通道而言，拟扩大其内径至 300mm，从而满足国家标准中关于电缆保护管外径需大于电缆外径 1.5 倍的要求。

此外，从超导电缆系统可知，除了超导电缆本体以外，液氮回流管也需要随电缆同通道敷设，其管径为 130mm，接头端部外径达到 150mm，常规管径排管同样无法满足敷设液氮回流管的要求。因此，液氮回流管同样需要敷设于 300mm 内径的排管内。由于需额外考虑 1 孔备用孔，因此示范工程中新建专用排管通道拟采用 3（ϕ300）＋1（ϕ175）孔排管，其中，3 孔 ϕ300 内径管孔分别用于超导电缆敷设、液氮回流管敷设以及备用孔，1 孔 ϕ175 内径管孔用于敷设超导系统所需的控制电缆、通信光缆等小线。

对于单层布置方式，备用孔设置于边侧，超导孔位设置于中间一孔，小线通信孔设置于中间另一孔，液氮回流管设置于小线通信孔相邻的另一侧，如图 5-21 所示。

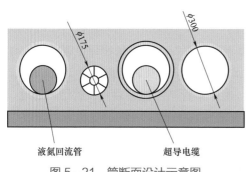

图 5-21　管断面设计示意图

5.3.1.4　超导电缆一般工井设计

由于超导电缆的正常工作温度为液氮温区（77K），因此当制冷设备启动运行后，超导电缆温度将由敷设安装时的室温下降至液氮温区，此时超导电缆本体将受冷收缩，且根据实验及仿真计算结果可知，本体收缩率一般约为 0.3%。为避免因冷缩应力造成超导电缆本体受损，拟订在工井内设置蛇形弧幅来吸收超导电缆的冷缩。

示范工程新建工井的尺寸拟定为 3.0m×1.9m×14m，根据仿真可知，在宽度为 3.0m 的工井内具备敷设水平蛇形的条件，且在每段工井可吸收约 0.6m 的冷缩幅度，相当于吸收约 200m 长的电缆，因此在井内设计水平蛇形。按一般工井 100m 的设计间距考虑，该设计方案可满足冷缩幅度均在工井内进行吸收的要求。

工井内支架按单侧布置考虑，单侧预留检修通道900mm。人孔布置于侧边，不影响电缆敷设。

5.3.1.5　超导电缆接头工井设计

电缆接头井需充分考虑电缆接头组装用机具的尺寸，以及电缆接头施工安装空间等要素。因此，为保证安装的作业空间，示范工程新建接头工井的尺寸拟定为3.0m×1.9m×20m，在顶板开设人孔，底板设置集水坑。此外，为保证超导电缆钢管型接头能够吊装至接头井内，相较于常规工井，额外增设可开启吊物孔，吊物孔采用电缆沟盖板型式。超导电缆中间接头工井吊物孔设置示意如图5-22所示。

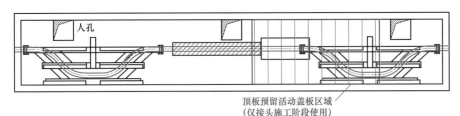

图5-22　超导电缆中间接头工井吊物孔设置俯视图

5.3.2　工程施工

5.3.2.1　超导电缆排管通道敷设要点

超导电缆在排管中敷设对于牵引力、侧压力有相当严格的要求，超导电缆在排管中敷设存在很大难度。在传统敷设手段下，若不增加辅助动力设备，如履带式输送机的前提下，公里级的超导电缆只有采用较小的分盘盘长才能够满足敷设条件。而小分盘则将带来接头数量的增多，除了将提高电缆故障的风险，也会加大超导电缆系统热损耗，增加制冷系统的负荷。

因此，超导电缆若需在排管中进行敷设，必须从以下几方面着手降低超导电缆敷设的难度。其一，采用内壁摩擦系数较小的管材。根据调研，目前管材生产厂家具备生产内壁摩擦系数可达到0.2的高密度聚乙烯管材。该管材采用高密度聚乙烯为主材，加入提高导管力学及加工特性的添加剂。低摩擦系数将极大改善超导电缆敷设环境。然而，由于该种管材在电力行业基本无既往使用经验，在工程实践中使用该种管材，需结合排管路径、埋深条件进一步细化确认其抗压强度以及施工工艺。其二，排管通道设计中应适当增加工井数量，减小工井间距，便于在各工井内设置履带式输送机。其三，优化电缆敷设施工方案，由于电缆弯曲敷设前后会增加敷设牵引力，电缆敷设的方向不同，单盘电缆的末端敷设牵引力也会不同。电缆敷设前，应根据通道路径条件，合理确定敷设牵引力、侧压力较小的敷设方式。

上述三点建议中，低摩擦系数管材由于涉及新管材的应用，尚存在一定的不确定性。示范工程中主要考虑减小常规管材排管通道中工井间距，并优化敷设方案。

5.3.2.2 超导电缆敷设施工工器具

电缆敷设施工需使用各种机械设备和工器具，包括牵引机、放线盘、输送机、电动滚轮、转向滑车、放线盘等。本节主要介绍示范工程中超导电缆敷设涉及的专用施工工器具。

（1）超导电缆盘架（线盘驱动装置）。因超导电缆外径大，其出厂线盘尺寸及重量远超常规电缆线盘，示范工程中所采用的超导电缆线盘直径为 4.2m，宽度为 2.8m，自重约 3.5t。如果采用常规的两端支架式电缆放线架，施工占地面积要求大，在场地受限的区域难以布置。因此，针对超导电缆有必要采用特制的电缆线盘驱动装置，电缆线盘驱动装置由从动滚轮、连接轴、底座、驱动滚轮、齿轮传动副、减速机、电磁离合器、变频电机组成，如图 5-23 所示。超导电缆线盘驱动装置如图 5-24 所示。

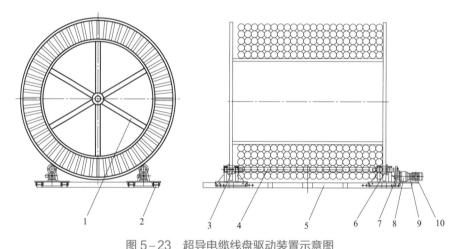

图 5-23　超导电缆线盘驱动装置示意图

1—电缆线盘；2—连接销；3—从动滚轮；4—连接轴；5—底座；6—驱动滚轮；

7—齿轮传动副；8—减速机；9—电磁离合器；10—变频电机

（2）液压牵引机。牵引装置采用液压绞磨，液压绞磨由牵引力表、操作手柄、液压油箱、过滤器、吊装架散热器、汽油油箱、汽油机、卷筒支撑架、双卷筒、齿轮箱、减速机、制动器、底架、液压马达、变量泵、控制柜、油门控制手柄、急停按钮、过载重启开关组成，如图 5-25 所示。液压绞磨采用液压传动，可方便实现牵引力的预设。在牵引过程中，当实际牵引力达到预设的牵引力时，液压绞磨便会停止牵引，从而确保超导电缆展放过程中不会出现超载情况。

图 5-24　超导电缆线盘驱动装置

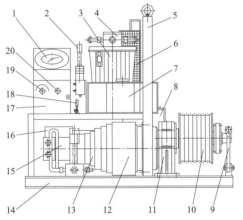 

图 5-25　液压绞磨示意图

1—牵引力表；2—操作手柄；3—液压油箱；4—过滤器；5—吊装架；6—散热器；7—汽油油箱；8—汽油机；
9—卷筒支撑架；10—双卷筒；11—齿轮箱；12—减速机；13—制动器；14—底架；15—液压马达；
16—变量泵；17—控制柜；18—油门控制手柄；19—急停按钮；20—过载重启开关

（3）带拉力测量的牵引系统及带侧压力检测装置的转向滑车。根据超导电缆特性，敷设过程中应特别注意起牵引力及侧压力控制，以避免电缆在施工时受到损伤。因此，带拉力测量的牵引系统及带侧压力检测装置的转向滑车在超导电缆敷设过程中有着较高的应用价值，如图 5-26 所示。

（4）大型电缆导轮。放置于超导电缆盘侧，通过此大型导轮过度使电缆顺利进入电缆土建通道。同时可用于隧道内的坡道，沿坡道每米使用电缆导轮上坡前、后位置安装电缆同步输送机辅助输送，如图5-27所示。

图5-26　数显压力转向滑车组

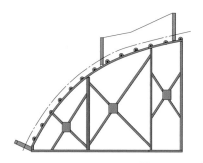

图5-27　大型电缆导轮

（5）适用于超导电缆的牵引头。与常规电缆相比，除绝缘材料、导体不同外，超导电缆还因运行在低温下（液氮温度）而具有维持绝缘线芯低温环境的真空绝热层结构（通常由两层金属波纹管和他们之间的真空组成）。真空绝热层的内管和电缆绝缘线芯之间具有一定的间隙以保持液氮的流通。因此，不同于常规电缆中绝缘线芯和金属套之间基本不滑动的情况，超导电缆的绝缘线芯和绝热层之间存在滑移现象。此时，若仅采用牵引头单独牵引绝缘线芯，会导致绝缘线芯移动而电缆绝热管及外护层不随之移动，而若仅采用网套单独牵引外护层，则会导致电缆绝热管及外护层移动而电缆绝缘线芯不随之移动。因此，常规电缆的牵引头或网套并不适用于超导电缆。

鉴于现有技术的上述缺陷，图5-28给出了超导电缆专用的牵引头，以解决金属套与绝缘线芯之间因存在间隙导致敷设时不能同步牵引的缺陷。专用牵引头包含外套管、拉环和拉力弹簧。拉力弹簧设置于外套管内，一端与外套管相对固定，另一端与绝缘线芯的衬芯连接。外套管与拉环连接的一端端部设有牵引头法兰；牵引头法兰与外套管、拉环和拉力弹簧固定连接。

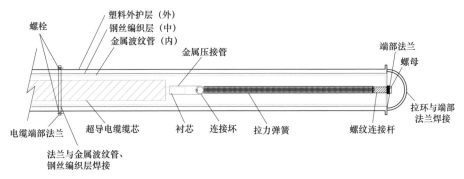

图 5-28　超导电缆牵引头示意图

敷设时，拉力通过带编织波纹管作用于电缆绝热管上，电缆绝热管受力后拉动电缆行进，绝缘线芯跟着电缆绝热管同时行进。当拉力逐渐增大时，电缆波纹管会逐渐被拉长，导致绝热管和电缆线芯之间产生相对位移。当电缆绝热管和电缆线芯之间的位移变大时，拉杆和压接管之间的拉力弹簧被拉长，弹簧拉力增大，电缆绝热管上受到的一部分拉力转移至衬芯上。此时，绝缘管和电缆线芯之间的位移越大，弹簧受到的拉力就越大，分担的比例也越大，而弹簧受到的拉力又由电缆衬芯承受，这样就可以很好地减小电缆绝缘线芯和电缆绝热管之间的相对位移。

5.3.2.3　示范工程牵引力、侧压力计算

在实际敷设前，为了明确各段超导电缆敷设过程中可能出现的最大牵引力及侧压力，示范工程中对三个超导电缆段敷设牵引力及侧压力进行了计算，同时考虑了两种敷设输送方向。

（1）220kV A 站超导终端～1 号中间接头。

1）敷设方向：220kV A 站～1 号中间接头。本段敷设方式如表 5-2 所示。

表 5-2　　　　　　　　220kV A 站～1 号中间接头电缆敷设方向

电缆敷设方向	线盘、输送机位置	电缆敷设路径
↓	站内电缆沟用电动滚轮	A 站内南北向电缆沟
		A 站内东西向电缆沟
	1 台输送机	A 站内南北向工井
	1 台输送机	B1 号井
	1 台输送机	B2 号井
	1 台输送机	新增 B2+1 号井
	1 台输送机	B3 号井
	1 台输送机	B4 号井
	卷扬机	

本敷设方案中，为保证超导电缆牵引力、侧压力不超标，需满足以下条件：

a. 在 A 站内的电缆沟中采用电动滚轮辅助敷设，使电缆入工井无初始牵引力；

b. 增加 B2+1 号直线工井一座，用于增设 1 台履带式输送机；

c. 全线共计设置 6 台履带式输送机。

经计算，在上述敷设方案中，超导电缆所承受的最大牵引力约为 7964N，出现 B3 号工井内；最大侧压力约为 2096N，出现在 B3 号工井内。计算得到的最大牵引力及侧压力均与超导电缆设计安全值之间有较大裕量，可以认为该方案能较为安全地敷设电缆。

相应地，本报告尝试计算了在不增加工井数量、满足超导电缆敷设要求时，排管内壁与超导电缆之间的摩擦系数。经计算，当排管内壁与超导电缆之间的摩擦系数小于 0.25 时，超导电缆所承受的最大牵引力约为 11273N，出现在 B3 号工井内；最大侧压力约为 2968N，同样出现在 B3 号工井内。

2）敷设方向：1 号中间接头～220kV A 站。本段敷设方式如表 5-3 所示。

表 5-3　　　　　　　　1 号中间接头～220kV A 站电缆敷设方式

电缆敷设方向	线盘、输送机位置	电缆敷设路径
↑	卷扬机	A 站内南北向电缆沟
	站内电缆沟用电动滚轮	
	1 台输送机	A 站内东西向电缆沟
	1 台输送机	A 站内南北向工井
	1 台输送机	B1 号井
	1 台输送机	B2 号井
	1 台输送机	新增 B2+1 号井
	1 台输送机	B3 号井
	1 台输送机	B4 号井

本敷设方案中，为保证超导电缆牵引力、侧压力不超标，需满足以下条件：

a. 电缆盘处需设置输送机，保证电缆入工井无初始牵引力；

b. 在 A 站电缆沟中采用电动滚轮辅助敷设，使电缆在该段敷设过程中不增加牵引力；

c. 增加 B2+1 号直线工井一座，用于增设 1 台履带式输送机；

d. 全线共计设置 7 台履带式输送机；

e. B1 号、B3 号转角井及站内南北向工井短侧端墙（电缆转弯前）需设置输送机。

经计算，在上述敷设方案中，超导电缆所承受的最大牵引力约为 8095N，出现在 B1 号工井内；最大侧压力约为 2130N，出现在 B1 号工井内。计算得到的最大牵引力及侧压力均与超导电缆设计安全值之间有较大裕量，可以认为该方案能较为安全地敷设电缆。

相应地，本报告尝试计算了在不增加工井数量、满足超导电缆敷设要求时，排管内壁与超导电缆之间的摩擦系数。经计算，当排管内壁与超导电缆之间的摩擦系数小于 0.25 时，超导电缆所承受的最大牵引力约为 11192N，出现在 B1 工井内；最大侧压力约为 2945N，同样出现在 B1 号工井内。

（2）1 号中间接头～2 号中间接头。

1）敷设方向：1 号中间接头～2 号中间接头。本段敷设方式如表 5−4 所示。

表 5−4　　　　　　　1 号中间接头～2 号中间接头电缆敷设方向

电缆敷设方向	线盘、输送机位置	电缆敷设路径
↓	1 台输送机	B4 号井
	1 台输送机	新增 B4+1 号井
	1 台输送机	B5 号井
	1 台输送机	B6 号井
	电缆沟内用电动滚轮	桥架电缆沟
	卷扬机	B7 号井

本敷设方案中，为保证超导电缆牵引力、侧压力不超标，需满足以下条件：

a. 电缆盘处需设置输送机，保证电缆入工井无初始牵引力；

b. 在桥架电缆沟中采用电动滚轮辅助敷设，使电缆在该段敷设过程中不增加牵引力；

c. 增加 B4+1 号直线工井一座，用于增设 1 台履带式输送机；

d. 全线共计设置 4 台履带式输送机。

经计算，在上述敷设方案中，超导电缆所承受的最大牵引力约为 10399N，出现在 B7 号工井内；最大侧压力约为 2722N，出现在 B6 号工井内。计算得到的最大牵引力与超导电缆设计安全值之间有较大裕量，但侧压力与设计值较为接近，在基于该方案的敷设过程中需加以注意。

当排管内壁与超导电缆之间的摩擦系数小于 0.22 时，超导电缆所承受的最大牵引力约为 10549N，出现在 B6 工井内；最大侧压力约为 2776N，同样出现在 B6 号工井内。

2）敷设方向：2 号中间接头～1 号中间接头。本段敷设方式如表 5−5 所示。

表 5-5   2 号中间接头～1 号中间接头电缆敷设方向

电缆敷设方向	线盘、输送机位置	电缆敷设路径
↑	卷扬机	B4 号井
	1 台输送机	B5 号井
	1 台输送机	B6 号井
	电缆沟内用电动滚轮	桥架电缆沟
	1 台输送机	B7 号井

本敷设方案中，为保证超导电缆牵引力、侧压力不超标，需满足以下条件：

a. 电缆盘处需设置输送机，保证电缆入工井无初始牵引力；

b. 在蒲汇塘桥架电缆沟中采用电动滚轮辅助敷设，使电缆在该段敷设过程中不增加牵引力；

c. 全线共计设置 3 台履带式输送机；

d. B6 号转角井短侧端墙（电缆转弯前）需设置输送机。

经计算，在上述敷设方案中，超导电缆所承受的最大牵引力约为 20471N，出现在 B4 号工井内；最大侧压力约为 742N，出现在桥架出口转弯处。计算得到的最大牵引力及侧压力均与超导电缆设计安全值之间有较大裕量，可以认为该方案能较为安全地敷设电缆。

（3）2 号中间接头～220kV B 站超导终端。

1）敷设方向：2 号中间接头～220kV B 站。本段敷设方式如表 5-6 所示。

表 5-6   2 号中间接头～220kV B 站电缆敷设方向

电缆敷设方向	线盘、输送机位置	电缆敷设路径
↓	1 台输送机	B7 号井
	1 台输送机	新增 B7+1 号井
	1 台输送机	B8 号井
	1 台输送机	新增 B8+1 号井
	1 台输送机	B9 号井
	1 台输送机	B 站内电缆沟
	卷扬机	

本敷设方案中，为保证超导电缆牵引力、侧压力不超标，需满足以下条件：

a. 电缆盘处需设置输送机，保证电缆入工井无初始牵引力；

b. 增加 B7+1 号、B8+1 号直线工井两座，用于增设 2 台履带式输送机；

c. 全线共计设置 6 台履带式输送机；

d. B9 号转角井及站内工井短侧端墙（电缆转弯前）需设置输送机。

经计算，在上述敷设方案中，超导电缆所承受的最大牵引力约为 11609N，出现在 B 站终端处；最大侧压力约为 2843N，出现在 B 站内电缆沟转弯处。计算得到的最大牵引力与超导电缆设计安全值之间有较大裕量，但侧压力与设计值较为接近，在基于该方案的敷设过程中需加以注意。

当排管内壁与超导电缆之间的摩擦系数小于 0.18 时，超导电缆所承受的最大牵引力约为 10717N，出现在 B 终端处；最大侧压力约为 2617N，出现在 B 站内电缆沟转弯处。

2）敷设方向：220kV B 站～2 号中间接头。本段敷设方式如表 5－7 所示。

表 5－7　　　　　　　220kV B 站～2 号中间接头电缆敷设方向

电缆敷设方向	线盘、输送机位置	电缆敷设路径
↑	卷扬机	B7 号井
	1 台输送机	
	1 台输送机	B8 号井
	1 台输送机	B9 号井
	1 台输送机	B 站内电缆沟

本敷设方案中，为保证超导电缆牵引力、侧压力不超标，需满足以下条件：

a. 电缆盘处需设置输送机，保证电缆入工井无初始牵引力；

b. 全线共计设置 4 台履带式输送机。

经计算，在上述敷设方案中，超导电缆所承受的最大牵引力约为 22504N，出现在 B7 号工井内；最大侧压力约为 1490N，出现在 B9 号工井内。计算得到的最大牵引力及侧压力均与超导电缆设计安全值之间有较大裕量，可以认为该方案能较为安全地敷设电缆。

（4）推荐敷设方案。通过三段电缆、两种敷设方向下电缆敷设牵引力及侧压力的比较，推荐敷设方案如下：

首段电缆建议由 A 站向 1 号接头方向敷设，电缆盘设置于 A 站内，卷扬机设置于 B4 号工井处。该段需增设 B2＋1 号工井 1 座，用于设置履带式输送机。

中间段电缆建议由 2 号接头向 1 号接头方向敷设，电缆盘设置于 B7 号工井处，卷扬机设置于 B4 号工井处。该段无需增设工井。

末端电缆建议由 B 站向 2 号接头方向敷设，电缆盘设置于 B 站内，卷扬机设置于 B7 号工井处。该段无需增设工井。

5.3.2.4 样缆敷设验证

由于超导电缆的特殊性，在敷设过程中牵引力以及侧压力需得到严格控制，从而确保超导电缆在敷设过程中不受到损伤。因此，为明确各段超导电缆敷设过程中可能出现的最大牵引力及侧压力，同时确定牵引力、侧压力达到超导电缆安全设计阈值时，履带式输送机需求的额外工井数量，有必要进行超导电缆样缆敷设试验。

（1）试验场地及测量工具。示范工程试验区域位于上海西南部，场地南北长度约100m，东西长度约150m。

模拟超导电缆实际路径中最复杂的1号接头~2号接头段，包括桥面电缆沟和1个90°转角，实际段长400m。因场地限制，试验线路路径长度为293m，包含桥面电缆沟、过渡电缆沟、直线接头工井、转角工井、排管等。

试验数据测量位置如图5-29所示，其中B3、B4、B5为工井，B5-1、B6为电缆沟，A1、A2为临时工井，点1~点13为需要记录数据时牵引头的位置，四个测量点需同时记录数据并拍照。

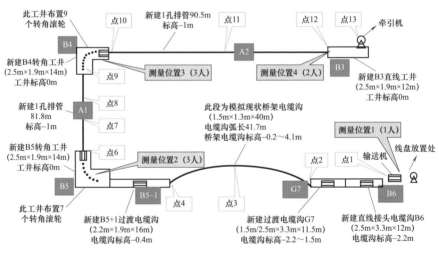

图5-29　试验数据测量位置图

（2）试验目的和方法。牵引力试验包括牵引机牵引力、牵引头牵引力、侧压力的数据记录和分析，电缆过转向前后的照片和摄像记录，以及外观检查（见图5-30）。全程由专人指挥记录，牵引过B5、B4工井、出管后应暂停牵引、进行外观检查和测量。牵引力测量方法：牵引力测量装置安装于牵引头和牵引机钢丝绳之间，测量并记录牵引头在每一次转弯、穿管、模拟过桥前后的牵引张力。同时记录牵引机上的张力，做多次的数值对比分析。

(a)

(b)

(c)

图 5-30　三次敷设试验现场图

（a）第一次敷设试验；（b）第二次敷设试验；（c）第三次敷设试验

侧压力测量方法：通过安装于转角导轮上的张力装置，测量电缆在每一个转角处的侧压力，同时用卡尺测量转弯前后及转弯过程中的电缆外径，并进行拍照、摄像记录。

电缆外观检查：在牵引过程中和牵引完成后进行电缆外观检查，包括：电缆外护套破损情况、环形波纹管外热缩保护层破损情况、转弯处端头直管两端变形情况、环形波纹管及两端端部变形情况，并测量、拍照记录。

（3）试验结论。

1）电缆与脚手架、工井转向处等除输送机、电动滚轮和转向滑车外，其余均安装了托轮，托轮的宽度需与超导电缆外径相匹配，避免因宽度较小或深度不足造成电缆外护套刮损。

2）试验中存在转角处滑车受力不均的情况，为避免实际施工过程中出线转角处受力不均而导致电缆局部侧压力集中的问题，应根据电缆走向均匀布置滑车位置，且在敷设过程中动态根据电缆实际位置进行调整。实际可制作一段弧长工具，用以调整、检验和复核，保证各滑车的间距且均在圆弧上。

3）超导电缆在排管内摩擦系数为0.253~0.296，与常规情况较为一致。

4）超导电缆的侧压力，用于常规滑车时，不应大于2450N，即应控制在200kg（即约2kN）以内。当侧压力超过2450N时，超导电缆表现与滑车接触位置将出现轻微变形，随着侧压力增加，变形程度逐渐扩大，均不可恢复。

第6章

超导电缆工程的运维与评价

高温超导电缆的运行维护工作需要从超导电缆结构本身出发，因地制宜，综合考虑包括制冷系统、电缆本体、附件、通道等各部分构成的运维要求，充分利用沿线视频监控、分布式光纤测温测振装置、智能井盖等多种智能在线监测装置，精细安排人机协同巡视计划，获取超导电缆多维状态感知要素，综合评价超导电缆运行情况，针对超导电缆、附件以及制冷系统开展精准化、智能化的检修工作，切实制订适用的智能化运行维护方案，依据消缺方案和故障应急处理预案，精确高效地实现高温超导电缆的运行维护工作，进一步保障高温超导电缆的安全稳定运行。

6.1 超导电缆巡视及反外损工作

为了实时感知超导电缆的运行状态，与常规电缆以环境巡视为主要监控手段不同，高温超导电缆以智能化为导向，综合多种沿线视频监控、智能井盖等在线监测设备，结合人工巡视手段，针对超导电缆的终端、制冷系统及冷却泵房等各系统部件开展人机协同巡视工作，获取多部件多维度的超导电缆状态参量，以确定超导电缆运行状态，并及时发现设备隐患，消除外损风险。

6.1.1 超导电缆巡视范围

由于电缆结构和工作原理的不同，超导电缆的运行工况和常规电缆存在明显的差异。因此为了确保超导电缆的安全可靠运行，在超导电缆的日常运维巡视中，需要关注的关键节点及其状态参量也明显有别于常规电缆。

（1）超导电缆运行状态的感知通常需要从影响其正常运行的内部因素和外部征兆两方面着手。内部因素主要是指超导电缆本体、附件以及附属设备设施的运行参量，外部征兆主要是指超导电缆通道的环境参量。因此超导电缆运维巡视所需要感知的关键节点，也就是超导电缆的巡视范围，主要包括超导电缆通道、本体、终端、制冷系统、冷却泵房以及在线监测系统。超导电缆通道

超导电缆通道主要有电缆沟、工井、电缆桥架、排管、警示牌等组成部分，通道内部观测的是超导电缆运行环境参量（包括温度、气体含量、水浸等）是否超标，通道外部主要关注超导电缆是否有外破风险，可以从振动信号、通道沿线井盖和警示牌设备状态、沿线工地工程进度等参量进行分析。

（2）超导电缆本体。和常规电缆一致，超导电缆由于安装环境的影响，无法直接观测到超导电缆全线是否正常，通常依据超导电缆的电气参量进行判断，比如功率、电流等，同时根据超导电缆在低温条件下运行的特点，可以通过温度、压力等参量进行观测。

（3）超导电缆终端。超导电缆终端作为温度和电势双重过渡的连接体，一方面需要确保其连接导通性能，另一方面还需要确认其与外部环境的隔离性能。因此针对超导电缆终端的状态感知也从连接性能和隔离性能两方面着手，连接性能可以通过温度等状态判断，隔离性能则需要查看超导电缆终端外观的完整性，包括终端套管、套管下法兰、不锈钢杜瓦容器外壳等部位是否有漏冷情况。

（4）超导电缆制冷系统。制冷系统作为超导电缆区别于其他常规电缆的重要附件系统，为了确保冷却系统全流程设备处于正常运行状态，巡视观测范围必须涵盖制冷系统全部设备，确定主要制冷设备、液氮循环设备运转是否正常，包括超导电缆终端液氮进口和回流管液氮出口，同时还需要针对外围环境情况进行监测，确定全设备流程是否存在漏冷。

（5）超导电缆冷却泵房。超导电缆冷却泵房的巡视工作，以确定液氮泵制冷正常为主，同时需要确保进站人员的安全，可以借鉴站房的巡视范围及要求。巡视人员需要观测感知的内容主要包括查看氧指数仪器是否缺氧报警、是否有其他有毒气体、异味气体，检查泵房、机房、观看层内温湿度是否正常，以及检查排风系统是否正常，防盗排查是否合格等。

（6）超导全线路状态监测系统。超导电缆安装有大量的在线监测装置，可以为运维管理工作提供实时的监测数据，提升智能化水平。但前提是要确保在线监测装置的正常运行，排除数据缺漏乃至数据错误的风险。针对综合监控系统来说，巡视工作必不可少，通常需要协同机房内视频和环境监控系统，对控

制柜内电子器件、控制器开展巡视，确保无烧毁器件。同时可以依据在线监测系统数据库系统，分析历史数据和控制逻辑的合理性，为制冷系统巡视提供数据支持，并排查自身控制逻辑缺陷，及时发现问题并预警。

6.1.2　超导电缆巡视策略

为实现针对上述巡视范围及关键节点的超导电缆全天候全覆盖的状态感知，超导电缆本体、通道、冷却系统等各系统部件均配置了大量的在线监测监控装置，形成了一整张多装置联动的超导电缆全线路状态在线实时监测网络。但以各装置为核心进行点面覆盖的网络，必然存在可能的监测盲点，因此势必会催生出人机相协同的新型智能巡视策略，以求及时发现和掌握通道周边环境、施工工地的动态变化情况以方便开展超导电缆状态评价和预警工作。

人机协同的超导电缆巡视策略以在线监测网络为基础，通过在电缆通道、电缆本体、电缆终端多维度，针对温度、压力、气体含量等多状态参量的覆盖式感知，通过阈值设限、算法计算等多种方式方法，实现对超导电缆状态的全面感知、智能预警。

人工巡视作为在线监测网络的补充手段，针对超导电缆的不同系统，乃至不同部位，需要制订相应的巡视计划。巡视计划的制订首先要提升感知的覆盖性，着重针对在线监测网络的盲区；其次要提升感知的准确性，倘若在线监测网络针对超导电缆实现了状态预警的情况下，或是根据长时间轴的数据趋势，发现了异常点，可以通过人工巡视，判断在线监测网络的可信度，增加状态预警的准确度；最后巡视计划应该依据各部件系统的时间、质量要求进行统筹规划，可以根据新建超导电缆投入运行时间，制订阶梯式人工巡视周期，在台风等应急情况下增加巡视频次，减少巡视空挡。

6.1.3　超导电缆反外损工作

虽然超导电缆容量大、体积小，载流能力强，但若超导电缆遭受外力损坏，则经济损失也更大，施工、抢修耗费时间也更长，并可能对周围的人员安全造成影响，因此针对超导电缆的反外损工作任重道远。

凡是邻近超导电缆保护区，可能对超导电缆安全运行有影响的，施工面积较大或施工时间较长的地下管线及市政工程，均应在开工前召开专题施工保护会议，明确保护电缆的方案职责与措施，签订超导电缆护线协议。施工期间应关注施工动态，及时掌握施工节点，并在醒目位置设立警示牌，安置物理隔离装置。对于可能会对通道造成影响的大型施工，应组织专家组评审施工方案。另外，还应结合施工情况，缩短巡视周期，对于使用大型机械、隐患风险较高的施工点，设立专人驻守监护，有效保障超导电缆的安全运行。

此外还需要以人机协同的巡视策略为核心，通过通道可视化监测系统和液氮监测系统相结合的方式，开展 24h 拉网式监测预警工作，同步分析预警，相互印证，掌握沿线工地的施工情况，针对应急情况及时做出快速响应。当分布式光纤测温测振系统、视频联动监控装置及液氮监测系统发生风险预警时，应及时判定风险等级，通过人工巡视进行复核是否发生外损情况，并同期排查超导电缆和回流管的液氮泄漏，分析当前系统热负荷是否超过警戒值，同时向调度部门发出预警，便于其做好将超导电缆事故预案。

6.2 超导电缆检修工作

为确保超导电缆的安全运行，通常采用周期性检修和状态检修相结合的方式开展超导电缆的检修工作，提升检修可靠性和针对性，降低检修成本，消除运行事故风险。周期性检修工作定期进行，而状态检修则通过对超导电缆进行的全维度全时候全覆盖的状态感知，实现超导电缆的运行状态较为准确的判断，开展精准的超导电缆检修工作。

6.2.1 超导电缆及制冷系统的缺陷管理

超导电缆缺陷一般是指超导电缆及其附属设施出现威胁电网安全运行，但未造成事故的异常情况。当在巡视工作中发现或得到在线预警超导电缆及制冷系统出现缺陷后必须上报调度，并由专人负责跟踪监控，实行上报、定性、处理和验收的闭环管理。按对电网安全运行的影响程度，超导电缆及制冷系统缺陷可以分为一般缺陷、严重缺陷、危急缺陷三类统计，并及时开展消缺工作。超导电缆缺陷分级如表 6-1 所示。

表 6-1　　　　　　　　　超 导 电 缆 缺 陷 分 级

缺陷分级		缺陷类型	处理时限
一般缺陷	对安全运行影响较轻的缺陷	制冷系统一般性设备故障、故障报警、易损配件更换、设备维护周期到期	结合检修计划尽早消除，但应处于可控状态
严重缺陷	缺陷性质比较严重，能继续运行，但可能在短期内发生事故，需尽快消除的缺陷	轻微管道漏冷、终端杜瓦漏冷、液氮储罐漏冷、接头漏冷、制冷系统性能退化、频繁故障报警	安排在一周内处理消缺，消缺前应加强检查。在有冗余配置或非液氮循环关键设备缺陷，制冷系统可继续运行的情况下，消除时间不得超过 30 天

缺陷分级		缺陷类型	处理时限
危急缺陷	缺陷情况危急,设备已不能继续安全运行,必须立即消除或采取必要安全技术措施进行临时处理,否则可能导致设备损坏及停电事故的缺陷	温度超限、压力超限、流量超限、制冷系统重大故障、严重漏冷管道漏冷、终端杜瓦漏冷、液氮储罐漏冷、接头漏冷缺陷	消除时间不得超过 24 小时

倘若超导电缆在缺陷消除规定时间范围内未能完成修复工作,可以通知电力调度部门予以退出运行,在与电网隔离后进行缺陷处理。当发生危急缺陷,制冷系统设备不能继续安全运行或急需返厂维修时,也应该启动备用电缆。当超导电缆退出运行后,应及时开启泄压保护装置并关闭液氮循环装置,避免液氮事故扩大。若超导电缆由于某些原因仍需带缺陷运行的,必须明确各级技术负责人的批准权限,落实有经验的技术管理人员跟踪监视,并根据缺陷对安全运行的影响程度安排检修计划以尽快消缺。

6.2.2　超导电缆周期性检修

由于当前超导电缆工程本身具备的先进试用性的特点,超导电缆可以开展周期性修理的预防检修,一方面进一步防止和减少突发和隐蔽故障,另一方面也可以通过例行试验,实现超导电缆运行数据长维度的历史积累,深化掌握超导电缆运行特性。

6.2.2.1　超导电缆例行试验

超导电缆运行维护中需要开展例行试验,包括绝缘试验、局部放电检测试验和介质谱试验以及制冷机切换试验。

(1)绝缘试验。针对超导电缆需要开展主绝缘电阻测量和主绝缘交流耐压试验。超导电缆主绝缘的绝缘电阻试验,应在低温工况下、交流耐压试验前进行。而主绝缘交流耐压试验试验方法和交接试验中的方法一致。宜采用串联谐振试验装置,并在低温工况下、绝缘电阻试验后进行,试验电压应施加在单独一相,其他相和金属屏蔽接地。系统的每一相应分别承受交流电压试验。要求试验过程中无绝缘击穿,耐压试验前后,绝缘电阻应无明显变化。

(2)局部放电检测试验。超导电缆现场交接的交流耐压试验中,局部放电测量宜同时进行,宜采用的方法包括脉冲电流法、宽频带电磁耦合法、超声波法、特高频法等。

(3)介质谱试验。鉴于目前对超导电缆的绝缘老化缺少技术手段,宜采用介质谱方法检测绝缘老化状态,试验方法同交接试验中的介质谱试验。

(4)制冷机切换试验。若超导电缆配置有多台制冷机时,当一台制冷器运行时，另外的制冷机应保持热备用状态，并需定期进行制冷机切换试验。通过记录制冷系统出、入口温度曲线，确定突变值不超过规定值。

倘若绝缘性能等的检查性试验结果不达标，则需要制订相关维修计划，安排对设备进行停电检修，相关停电检修项目一般与电力系统停电检修周期同步开展。

6.2.2.2 超导电缆定期维护

超导电缆在通常情况下只在冷却后的超导态下进行定期检修，而避免进行常温检修。主要的维护项目包含如下几点：

（1）制冷系统定期维护。制冷系统设备的周期性维护，仅限于有冗余备份的设备，并需要根据不同设备的无故障运行时间合理编排设备维护的节点，可以适当缩短某些设备的维护周期，应尽可能一次性完成全部或多个待维护设备的维护。如果有较大规模的设备维护，应尽量安排在超导电缆停运状态下进行，待制冷设备投入使用并稳定后方可恢复挂网运行。

（2）超导电缆综合监控系统定期维护。由于在线监测装置的固有特性，通常需要从软件升级和硬件维护改造两方面开展超导电缆综合监控系统的定期维护。另外也可以根据装置运行状态、数据完整性与逻辑合理性，来判断是否需要开展软件升级和硬件改造。由于部分在线监测装置安置在电缆工井中，需要特别注意装置的防水防潮情况，尤其是接线端子是否有浸水情况。

（3）超导电缆通道定期维护。超导电缆通道定期维护内容主要包括清理电缆沟，排除沟内积水，同时确保超导电缆支架、固定装置牢固，维修工井沟道内的接地系统，更换封堵材料等。

6.2.3 超导电缆状态检修

通过人机协同巡视的超导电缆状态感知体系，可以得到大量的超导电缆智能感知在线监测数据，结合定期运维检修试验结果，得以构建完整的超导电缆在线监测数据库，搭建超导电缆状态评价指标体系，实现对超导电缆线路状态进行实时评价。

基于超导电缆设备结构和性能的特点，超导电缆可以在空间上横向划分成本体、终端、中间接头、冷却系统、综合监控系统、通道、接地系统七个单元，各单元分别确定各自对应的状态特征量及数据来源，进而确定评价标准，并进行各部件单元的状态评价。以超导电缆终端为例，可以从超导终端高压侧套管及法兰、终端杜瓦容器、一般外观等方面，针对该部件单元确定温度等定量状态特征量以及结霜范围等定性状态特征量，确定评价标准体系。

状态评价等级一般有四种类别，分别为正常状态、注意状态、异常状态以及严重状态，如表 6-2 所示。

表 6-2　　　　　　　　　　　超导电缆状态评价等级

状态名称	状态描述	检修类别
正常状态	正常状态表示设备运行数据稳定，所有状态量满足标准要求	检修周期按基准周期
注意状态	注意状态表示设备的一个主状态量（如电缆出口温度、系统压力、流量）接近标准限值或超过标准限值，或几个辅助状态量（真空度其他温度、压力、终端杜瓦真空度、中间接头及其他制冷系统的真空杜瓦表面温度等）不符合标准，但不影响设备运行	如果单项状态量扣分导致，应根据实际情况缩短状态检测和状态评价周期，提前安排 C 类或 D 类检修。如果由多项状态量合计扣分导致，应根据设备的实际情况，增加必要的检修和试验内容
异常状态	异常状态表示设备的几个主状态量超过标准限值，或一个主状态量超过标准限值并几个辅助状态量明显异常，已影响设备的性能指标或可能发展成重大异常状态。异常状态时设备也能继续运行	适时安排 C 类或 B 类检修
严重状态	严重状态表示设备的一个或几个状态量严重超出标准或严重异常，设备只能短期运行或立即停役	立即安排 B 类或 A 类检修

注　主要参数状态量是指关键节点的运行参数，直接决定继电保护动作的运行参数，例如：电缆出口温度超过 90K，直接触发继电保护动作。辅助状态量是指非关键节点的温度、压力等参数，不会引发继电保护动作的参数；A、B、C、D 检修类别内容和常规电缆一致。

当所有部件评价为正常状态时，超导电缆整体评价为正常状态；当部件状态为注意状态、异常状态或严重状态时，整体评价应为其中最严重的状态。

根据状态评价的结果动态调整超导电缆的状态检修策略，开展缺陷处理、试验、不停电的维修和检查等工作。检修计划应每年至少修订一次，根据最近一次设备的状态评价结果，考虑设备风险评估因素，确定下一次停电检修时间和检修类别。对于设备缺陷，则应根据缺陷性质，并按照缺陷管理相关规定处理。如同一设备存在多种缺陷，也应尽量安排在一次检修中处理，必要时可调整检修类别。

6.3　超导电缆的应急处理及故障抢修

当超导电缆发生故障时，需要及时启动故障应急处理预案，根据故障等级采取相应的措施，以降低风险，减少损失。通常以故障是否会迅速引起超导电缆失超作为评价依据，将超导电缆故障等级分为重大故障和一般故障。重大故障一般包括发生超导电缆上下级电网故障、超导电缆本体击穿、短路电流保护失效、严重漏冷故障、超导电缆本体外力破坏事故等情况。一般故障主要有液氮泄漏、制冷系统故障、设备供电故障等暂时不会引起超导电缆失超的故障。

6.3.1 超导电缆的应急处理流程

当超导电缆发生故障时的应急处理流程如图 6-1 所示，通常需要先将超导电缆切除系统，改为常规电缆供电，再开展现场检修。一般故障可以在超导电缆制冷系统运行过程中开展抢修工作。当发生设备严重故障时，必须在回温升压后开展抢修。可以在现场完成设备维修的，应锁定故障设备，做好设备保护并划定安全隔离区。需要有原厂维修人员现场维修的，应做好入场登记手续；对于需要返厂维修的设备，应切除故障设备，划定故障区域，做好运输手续登记后再安排具体运输事宜。

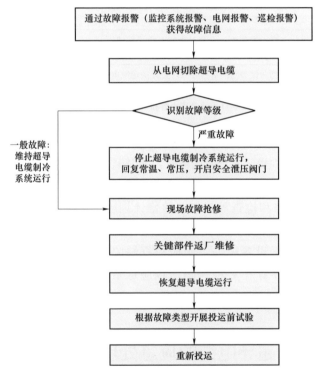

图 6-1　故障应急处理流程

超导电缆必须依赖液氮保持低温运行，如果氮气泄漏，将造成人员窒息、冻伤，因此一旦发生液氮泄漏，必须汇报应急总指挥与调度，及时阻止泄漏部位液氮流出；现场人员根据泄漏情况撤离液体、气体泄漏区域；随即启动泄漏应急预案，采取防护措施并设立警戒区域，限制人员擅自进入液体、气体泄漏区域。由技术人员在现场实时分析，当抢修人员确认泄漏区域不再扩大并采取保护措施后方可开展抢修；现场人员需佩戴测氧仪或气防设备对需要隔离的设备进行隔离措施，事故处理完毕后必须要清理现场。

6.3.2 超导电缆系统故障类型

超导电缆系统故障按照故障部位可以主要划分为本体及附件绝缘故障、冷却系统故障两类，如图 6−2 所示。

图 6−2 超导电缆故障类型

6.3.2.1 本体及附件绝缘故障类型

本体及附件绝缘击穿故障类型与普通电缆基本一致，大致分为超导电缆短路（接地）故障、断线故障以及闪络故障：

（1）超导电缆短路（接地）故障。在采取一定安全措施将超导电缆两端与相连设备断开后，首先测试电缆每相导体对地和导体之间的绝缘电阻。通过测试绝缘电阻，判断电缆是否为一相或多相短路（接地）故障。

（2）超导电缆断线故障。如果高温超导电缆三相绝缘电阻值均正常，则需要接着进行导体连续性试验，即测试导体直流电阻。若经测试发现导体直流电阻特别大，则认为导体不连续，并据此判断超导电缆存在断线故障。

（3）超导电缆闪络故障。如果在上述两种测试中都没有发现异常，说明超导电缆故障点可能已经"封闭"。此时可继续对超导电缆进行交流耐压试验，相应试验电压以竣工试验电压为限。当耐压试验过程中出线不连续的击穿现象时，则判断超导电缆存在闪络故障。

6.3.2.2 冷却系统故障

超导制冷系统是超导电缆系统的重要组成部分，当其发生故障时也会直接导致超导电缆因无法保持低温条件而失超。常见的制冷系统故障一般分为设备故障、漏冷故障、供电故障三类。

（1）设备供电故障。通常有外部供电故障、备用电源故障两类。需要注意的是当备用电源全部失效后，超导电缆将会形成热量累积，此时应及时将超导电缆退出运行。

（2）漏冷故障。根据漏冷的程度可以区分为轻微漏冷、严重漏冷、液氮滴液、液氮喷溅等，通常发生在杜瓦容器、管道、阀门、法兰、安全阀等部位，此时需要根据管道的重要程度和冗余级别安排相应的处理流程。

（3）制冷设备故障。制冷设备故障主要包括制冷机故障、冷箱故障、抽空减压系统和压力控制系统故障等。若发生该类故障，应该根据相应的设备关键程度和冗余级别安排相应的处理流程。

6.3.3　超导电缆故障测寻方法

（1）行波法故障测试。低压脉冲法适用于测试超导电缆本体断线故障以及低阻故障，在超导态和常温态下均可适用，但超导电缆波纹管液氮泄漏无法使用该方法进行故障测试，而需结合分布式光纤测温进行定位。低压脉冲法通过已知的超导电缆波速度测算超导电缆完好相全长，再利用超导电缆全长来校验波速度，进而对故障相进行故障测距。脉冲波在超导电缆中传输需要一定的时间，超导电缆长度与脉冲波传输时间之比，称为超导电缆波速度。波速度与超导电缆的绝缘材料性质有关，而与超导电缆导体的材料和截面积无关。脉冲波在不同绝缘材料的电缆导体上的传输速度不同，由于在常温态、超导态和失超态下超导电缆单位长度电容和单位长度电感存在变化，导致其在三态下的波速度也均不同。

$$V = \frac{1}{\sqrt{L_0 C_0}} = \frac{v_0}{\sqrt{\mu \varepsilon}} \qquad (6-1)$$

式中：L_0、C_0 表示超导电缆单位长度的电感和电容；v_0 表示光速；μ 表示超导电缆绝缘材料的相对磁导系数；ε 表示超导电缆绝缘材料的相对介电系数。

（2）电桥法故障测试。电桥法仅用于超导电缆本体故障测试，其测试精度较高，一般适用于电阻值在 100kΩ 以下的单相、两相、三相以及相间短路（接地）故障，但一般不宜用于测试高阻和闪络故障。

电桥法测试中必须要有完好相，否则要搭临时接线。在超导电缆测试端，将完好相和故障相导体分别作为电桥的两个桥臂接在测试仪器上，将另一端两相导体跨接以构成回路。调节电桥至平衡时，对应桥臂电阻乘积相等，由于作为电桥两个桥臂的电缆导体的电阻值与其长度成正比，根据电桥上可调电阻和标准电阻数值，即可计算出超导电缆故障点初测距离。

电桥的正接法如图 6-3 所示，即测试端将超导电缆绝缘完好相的导体接到"A"接线柱，将超导电缆故障相导体接到"B"接线柱。

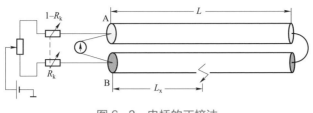

图 6-3　电桥的正接法

6.3.4　超导电缆本体、附件故障处理

当获知超导电缆故障报警信息后，可基于各监控系统、电网数据、巡检情况综合判断故障类型。当确认为超导电缆本体、附件发生故障时，首先应该判断是否存在保护拒动情况。此时电缆导体内部将出现热量积累，引发超导电缆失超和制冷系统过载。因此经由监控系统诊断和评估后，需要及时通知继电保护系统和调度系统将超导电缆退出运行，否则会引发超导电缆本体电压击穿故障。

若确认为超导电缆本体、附件发生绝缘故障，超导电缆立即退出运行，同时常规备用电缆投运。运维抢修人员需赶赴现场对超导电缆进行故障测试，判断故障位置，确定修复方案，具体流程如图 6-4 所示。需要注意的是还需要同时检查液氮是否泄漏，并及时设置现场安全隔离区，做好防液氮隔离措施。

6.3.5　超导电缆冷却系统故障处理流程

（1）漏冷故障。漏冷故障按照发生的部件可以划分为关键部件漏冷和冗余部件漏冷。冗余部件可以通过单独切除漏冷配件进行修复、更换，而关键部件（如超导电缆绝热套等）则需要进行现场修复或返厂维修，因此必然会影响超导电缆的运行。

若按照漏冷严重程度来区分，还可以分为一般漏冷和严重漏冷。一般漏冷可在超导电缆运行过程中使用保温材料进行修复；严重漏冷则需要将超导电缆切除并经过升温、降压后再处理，具体流程如图 6-5 所示。

（2）制冷设备故障。制冷设备故障类似于漏冷故障，同样也可以根据设备关键程度和冗余级别安排相应的处理流程，如图 6-6 所示。

其中值得注意的是液氮储罐故障，在液氮循环过程中，由于存在一定的气体蒸发，循环系统中的液氮会慢慢减少，当减少到设定值时，需要液氮储槽自动向泵箱补充液氮。对于液氮储罐外部液氮输液管的漏冷处理，由于不参与超导电缆制冷循环，可允许其漏冷运行，必要时可以设置安全隔离区。

由于液氮储罐存储量巨大，倘若泄漏体量巨大，导致难以及时堵绝泄漏，则必须及时采取相应预案，尽快解除应急反应状态，确保不威胁人身、设备安全，相关流程如图 6-7 所示。

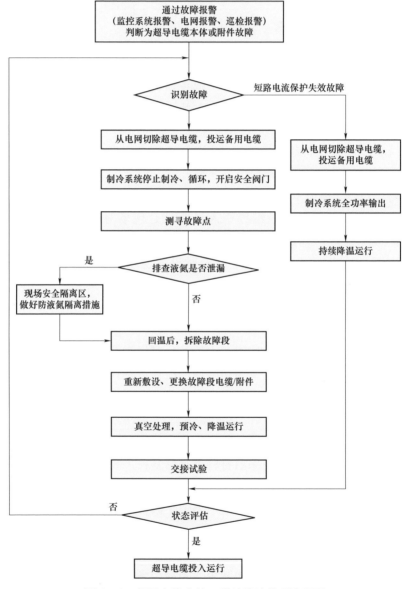

图 6-4　超导电缆本体、附件故障处理流程图

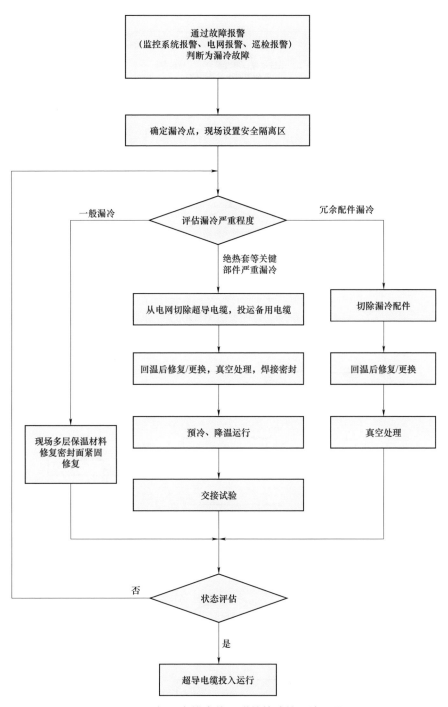

图 6-5　超导电缆本体、附件故障处理流程图

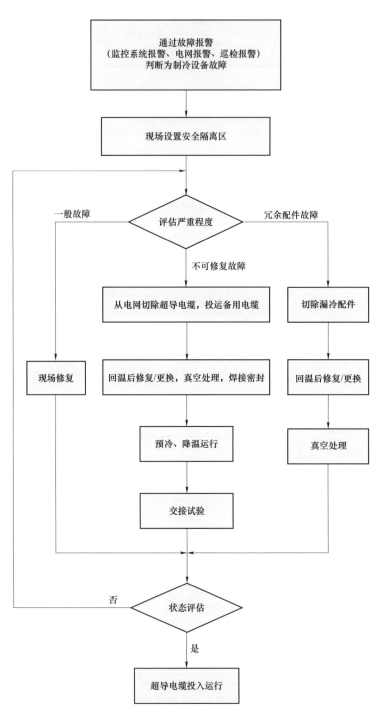

图 6-6   超导电缆本体、附件故障处理流程图

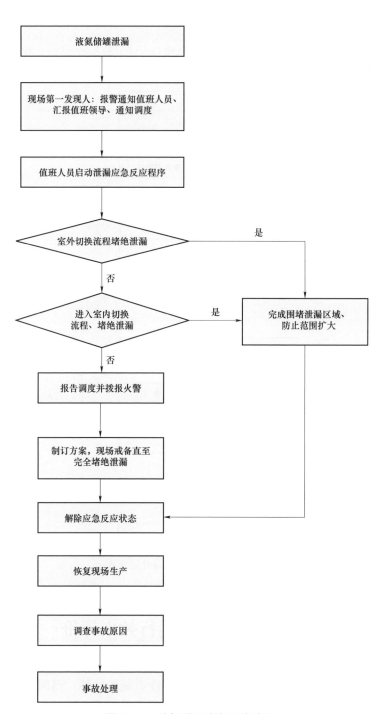

图 6-7　液氮泄漏应急预案流程

（3）设备供电故障。由于冷却系统有两级备用电源，当出现供电故障时，需逐级启动备用电源恢复供电。当备用电源全部失效后，超导电缆会形成热量累积，此时应及时退出超导电缆，并回温、升压后再开展故障修复工作，具体流程如图 6-8 所示。

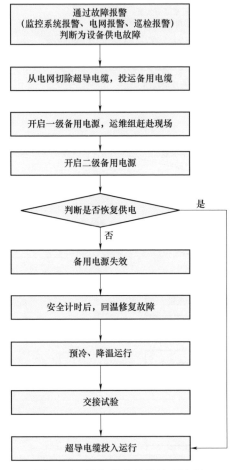

图 6-8　设备供电故障处理流程

6.4　超导电缆的运行效率评价

超导电缆系统的整体运行效率取决于制冷系统的功耗，而制冷机的功耗又与超导电缆的热损耗成正相关性，本节在分析超导电缆热损耗的组成部分及计算方式的基础上，给出了制冷机效率的计算方式，为超导电缆整体的效率分析提供参考。

6.4.1　超导电缆的热损耗

超导电缆本体的热损耗由以下几部分组成：绝热管损耗、介质损耗及交流损耗，可表示为

$$W_{all} = W_o + W_d + W_a \tag{6-2}$$

式中：W_o 表示绝热管损耗，W_d 表示介损，W_a 表示交流损耗。

$$W_{all} = (T_{out} - T_{in})C_p M \tag{6-3}$$

式中：T_{out} 和 T_{in} 分别表示 HTS 电缆出口和入口处的 LN2 温度；C_p 表示 LN2 的比热容；M 表示 LN2 的质量流量。

式（6-3）中，T_{in} 和 T_{out} 所表示的测量间隔需至少包含 LN2 从电缆入口流到出口所需的时间。

上式中，绝热管的损耗是在厂内或者超导电缆检修时所测试得到的，测试需在没有介损及交流损耗的干扰下进行。

介质损耗值可通过测试超导电缆的电容和介质损耗角正切值获得。

根据得到的 W_{all}、W_o、W_d，即可由式（6-2）计算得到超导电缆的交流损耗。一般情况下，高温超导电缆上的大部分热量损失源于从低温恒温器管外壁侵入的热量，并且绝热管的损耗远大于介损和交流损耗，因此减少这种热量侵入是提高超导电缆系统电力传输效率的有效方法。

6.4.2　制冷系统的运行效率分析

制冷系统的效率可表示如下

$$COP = W_H / W_E \tag{6-4}$$

式中：W_H 表示包括超导电缆中间接头和终端的超导电缆系统的总热损失，而 W_E 则表示冷却系统的总电功率消耗。

接头和终端的损耗可使用与式（6-1）相同的测量和计算方法，通过在每个设备的入口和出口设置温度计测量来获得的。相关测试回路如图 6-9 所示。

在损耗测试过程中为保证温度测量的准确性，当用铂电阻测温时，需采用合适的测量电流，过大的电流会引起焦耳热，并造成指示读数不准确。为了对测量温度进行校准，需要预先在电缆上缠绕合金加热丝，再根据铂电阻与合金加热丝的温差，求得校准系数，而液氮进口与出口的实际温差等于测量值与校准系数的乘积。

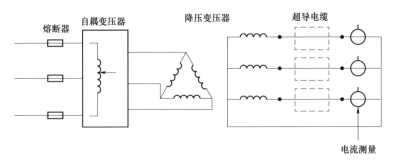

图6-9 交流损耗传热法测量回路

第7章

超导技术在电力中的应用与展望

本章首先分析了超导电缆系统运行的能效、可靠性及其影响因素，依据未来长距离电力输送的需求提出了今后一段时间内大功率、高效率、长寿命、低成本制冷技术的研发重点，并就电缆技术发展进行了展望；结合变压器、限流器、磁储能等超导装备的技术现状和发展趋势，探讨了超导电缆系统在超导环网、超导变电站和液化天然气等能源混输等场合的应用特点和技术可行性；最后，基于电网发展和技术进步，初步讨论了规模化电网应用有待研究和解决的一些问题。供读者分析、思考和欣赏。

7.1 超导电缆系统运行能效与可靠性及其技术展望

7.1.1 超导电缆系统能效与提升

如前文所述，超导电缆系统热负荷决定了所需冷量，直接关系到整体系统的能效。其热负荷主要源于电缆本体交流损耗、绝缘层介质损耗、金属屏蔽层涡流损耗、本体恒温器漏热、终端引线损耗、终端恒温器漏热、液氮泵损耗和维持液氮温区制冷功耗等。

超导电缆采用直流输电时由于超导零电阻效应，基本上可实现零损耗；而在交流情况下，超导体内部存在磁滞、耦合和涡流损耗，不可忽略，但其数值远小于常规电缆损耗值；本体恒温器漏热取决于所用多层绝热材料数量和低温、室温壁之间的机械支撑结构,若其内径120mm,单位长度漏热仅为0.8~1.0W/m,未来有望降至0.5W/m以下;按照目前电缆设计和运行经验,经优化设计的引线损耗小于150W/kA;终端恒温器漏热约100W/kA;维持液氮温区1W制冷功耗约需15~25W电功率,一大气压下液氮潜热161kJ/L,即目前本体恒温器漏热导致的电功耗为12~25kW/km,折合电能消耗105 120~219 000kWh/a,引线损耗对应电能消耗19 710~32 850kWh/kA/a;损耗之和约为交联聚乙烯电缆的35%~50%,远低于常规电缆。

图7-1显示了ABB对400kV交流输电、±400kV直流输电和超导直流输电损耗的比较。虽然超导输电有低温恒温器、终端引线等损耗,但相比常规输电的线路损耗要小。当输电距离达1000km,超导直流输电的损耗不足常规高压直流输电损耗的40%,每年运行可节省大量电能。随输电距离和输电能量增加,超导输电的优势也越明显。同时,传输功率越大,超导电缆功耗就越小。在特高压输电线路中,对于典型的4000MW输电功率,可以减少41.04MW电能损耗,如图7-2所示,假设年运行时间为5000h,采用超导电缆可以减少205 200MWh电能损耗。节约1kW可减少二氧化碳排放0.997kg。因此,二氧化碳减排量为204 584.4t。

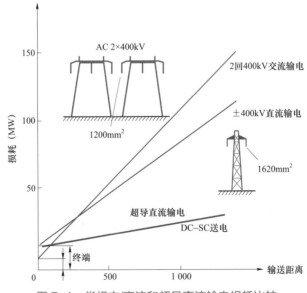

图7-1 常规交/直流和超导直流输电损耗比较

本体和终端恒温器漏热是超导电缆系统热负荷的主要组成部分,其绝热性能对降低制冷系统设备投资和运行制冷能耗十分重要。大部分恒温器表面有效热导率为10^5mW/(K·m),低温管道(包括电缆的本体恒温器)由于在内外管

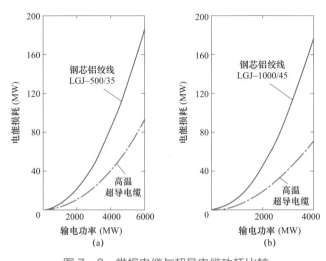

图 7-2　常规电缆与超导电缆功耗比较

（a）1000kV 特高压交流输电线路；（b）±660kV 高压直流输电线路

之间采用支撑管增加了漏热，加上距离较长，抽真空阻力大，表面有效热导率高于恒温器，达到 10^4mW/（K·m）量级。降低热负荷的方式可采用高真空多层绝热，即恒温器内外夹层之间抽真空并安装多层绝热材料，优化结构，有效隔绝传导和对流漏热，最大可能地减少辐射漏热。

提高制冷效率的关键在于提高压缩机的效率，减少不可逆功损失。研制大功率制冷机也是提高制冷效率的方法之一，单台大功率制冷机的制冷效率优于多台总制冷量相同的制冷机效率。制冷机的耗电占超导电力设备耗电的绝大部分，而且制冷机的成本较高。因此，制冷机直接影响超导电力设备的初始投资及运行成本，影响超导电力设备的经济性。短轴型液氮泵采用复合材料来制作转动轴，利用复合材料的低热导率来减少传导漏热轴及叶轮外安装有真空夹套，减少环境对低温液体的传热。

7.1.2　超导电缆系统运行可靠性

超导电缆系统运行可靠性对实际应用至关重要，取决于超导电缆短路容量及其动态稳定性、制冷系统可用性和修复电缆所需时间（TTR）。

作为大容量输电的方式之一，不可预测性的故障将造成电网的功率波动、供电中断乃至连锁停电事故。超导电缆短路容量大小及其动态稳定性直接关系到电网运行和超导输电技术的应用规模。通过冗余设计，使用大截面骨架和更多超导带材，虽然可以提高超导电缆短路容量及其稳定性，但无形中将增加成本，降低传输的功率密度，因而过载电流最高一般设定为额定电流的两倍。采用电网优化和使用限流装置可有效降低电网短路电流水平，但如何在最短的时间内实现失超恢复仍有待解决，沿电缆长度方向材料性能的不均匀可能导致由局部失超产生的热点而引起的缆芯烧毁，同时在故障修复后缓慢降温而不能立即恢复运行，直接影响到供电可靠性，这就要求能够准确地定义电缆设计和运行的规则。

与常规电缆不同，制冷系统是其基本的辅机，同时又是关键的组成部分。一旦出现故障，超导电缆只能在额定负载下运行很短的一段时间。因而，超导电缆制冷系统应在可接受的成本范围内具备较高的可靠性。目前，可用的制冷系统昂贵，且长期运行的稳定性较预期要低。若供电可靠性要求 99.8%～99.9%，则电缆可靠性应大于 99.9%，其中包括制冷系统。按此要求，每年允许的制冷机停机维护时间仅 8h，维护的主要任务是清洁和更换磨损的零部件，提高可靠性的最佳途径是尽可能去除运动部件和有摩擦的零件。提高制冷系统可靠性的另一个方法是通过 $N-1$ 冗余设计来解决，如同电力系统。如果单个制冷机可使用率为 90%，则理论上增加一台冗余制冷机可将可使用率提高到 99%，但在故障时仍须手动操作；当然，冗余机或液氮备份的设置将导致投资的大幅度增加。为避免更换轴承影响电缆的冷却和运行，同样可采用多台泵，增加冗余。

图 7-3 显示了通过灵敏度分析得到的系统可靠性（SAIDI）作为超导电缆维修时间和冷却系统可用性的关系曲线，SAIDI 在图中用一条线表示，SAIDI 等于系统平均中断持续时间指数，以 min/a 表示；为与常规电缆可靠性相比，SAIDI 增值用%表示。从图 7-3 中可以看出，一般情况下，超导电缆 TTR 与常规电缆相同，制冷系统 100%可靠，SAIDI 约 0.2min/a；若制冷系统可用性设定为 99.9%，且 TTR 是常规电缆的 4 倍，则 SAIDI 将达到 2.2min/a，可见制冷系统的可用性显著影响 SAIDI；这里将使用预制构件修复电缆作为规模应用的前提，显示 TTR（图 7-3 中的灰色区域）对 SAIDI 贡献很小，而目前水平：修复超导电缆所需的时间可能比修复传统电缆所需的时间高出 30%、甚至数倍。借助于图 7-3，可以量化超导电缆系统对所考虑区域电网可靠性的影响。

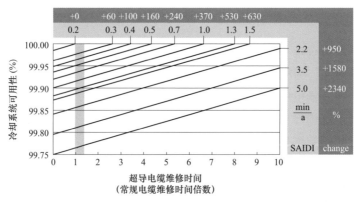

图 7-3　系统可靠性（SAIDI）作为超导电缆维修时间和制冷系统可用性的函数曲线

7.1.3 长距离输送制冷需求与发展

超导电缆系统在 65～73K 温区运行，长距离电力输送需要合理高效、安全可靠的低温制冷系统，总体设计须满足超导电缆冷却的最高温度限制和冷量要求；满足超导电缆过冷冷却要求，最低温度不能低于液氮凝固点，且保证管中液氮没有气泡产生，防止液氮绝缘性的恶化；满足系统压力运行的设计要求；满足系统运行稳定安全要求。涉及长距离超导输电电缆低温冷却系统的流程及其优化设计技术；大功率、高效率、长寿命、低成本的低温制冷装备（透平或脉冲管制冷机）；长寿命、低漏热真空绝热和绝缘技术；在线检测与故障诊断技术、低温制冷系统制冷量自适应控制技术等。

目前，国内外超导电缆试验和示范工程通常采用逆布雷顿、斯特林、脉冲管、G-M 制冷机或减压降温制冷系统，图 7-4 显示了现有各类制冷机供冷温区及制冷量范围。逆布雷顿制冷机采用透平膨胀机代替 J-T 节流制冷机节流阀，不可逆功损失小，效率高，宽温区（4～77K）可提供大的制冷功率（MW 水平），但系统较复杂且需周期性检修维护，若采用磁轴承无油透平压缩机则可靠性、寿命和维护周期将得到进一步提高或增加；斯特林、脉冲管和 G-M 制冷机回热器只需一个流体通道，多孔网板及磁性蓄冷材料颗粒制成的回热器效率高达 95%以上，结构紧凑，制造简单，成本低；斯特林制冷机适合于 1～10kW@70～110K 的需求，但其旋转件的使用寿命较短；脉冲管制冷机采用"脉冲管—孔板—贮气罐"组合取代排出器，既降低了振动和制造成本，又消除了运动件导致的磨损和不可靠性，但 kW 冷量脉冲管制冷机会因气流角分布不均匀

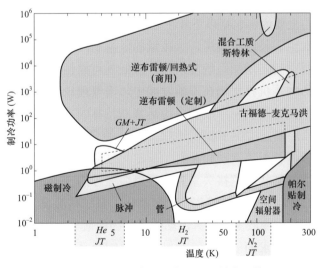

图 7-4 各类制冷机供冷温区及制冷量范围

和换热器内部流动不稳定而导致效率降低；G-M制冷机通过旋转阀连通高低压气库产生压力波，效率较低，较适用于30K以下温区，虽然可选用油润滑商用压缩机提高可靠性和降低成本。但油吸附器更换周期仅为1～2年，电网应用并不是合适的选择。

表7-1给出了超导电缆在不同流速、恒温器管径条件下的液氮流动功损失，这里假设单位长度超导电缆能耗2W/m，液氮出入口温度分别为65K和70K。从表7-1中可以看出，如果流道长度1km，流道直径10mm，沿程阻力损失可以控制在很小的范围；而当流道长度增至10km时，若液氮进出口温差和流道直径均保持不变，则沿程阻力损失急增，倘若进一步增大流道直径，恒温器漏热又将增加。因此，超导电缆线路的液氮泵送流程不宜过长，应尽量以数公里为间隔设置制冷机和流体输送站，每一制冷站制冷功率宜控制在10kW量级。另外，相对于制冷机的压缩机来说，液氮循环泵转速高，轴承易于磨损，维护周期短。在超导电缆制冷系统设计时应充分考虑这一特点，合理选择长、短轴型液氮泵。

表7-1   管道中液氮的流动功损失估算

流道长度（km）	流速（m/s）	管径（mm）	雷诺数（$\times 10^5$）	压降（Pa）	功耗（W）
	1	17.3	0.649	620.5	0.147
1	2	12.3	0.9	3251.0	0.77
	3	10.0	1.126	8337.4	1.975
	3	31.7	—	—	—
20	7.54	20	5.665	1.816×10^5	430
	30.2	10	11.3	49.67×10^5	11 767

后续研究的主要内容包括以下4个方面：

（1）高可靠性、长距离输送、大冷量的低温制冷系统。多台制冷机同时工作，将占用大量空间，增加系统复杂性，减低其可靠性。目前，大冷量、高可靠性、长寿命的制冷机技术仍在不断发展中，需要理论和实验相结合，研究磁力支撑或气浮支撑无油透平膨胀和自由活塞斯特林制冷技术，开发热声发动机技术，逐步提高冷量，实现30kW@65K及以上冷量制冷机系统的研发。

（2）过冷液氮长距离流动相关科学问题。过冷液氮即热交换媒介，同时充当复合绝缘介质，其状态直接关系到超导电缆运行的安全稳定。目前，恒温器内部过冷液氮的流动和换热特性尚不十分清晰，系统精准设计仍存在一定困难，需有针对性地开展过冷液氮长距离流动传热问题的研究，探索其中机理。

（3）满足性能要求的低成本、免维护低温制冷系统。超导电缆系统要求能够连续长时间运行，若制冷系统出现故障会导致其磁热不稳定乃至失超，这就要求制冷系统具有高可靠性。开发高可靠性、长距离的低温制冷系统，需综合考虑各种影响因素，并进行优化设计。逆布雷顿制冷机的高速透平压缩机如果采用气体轴承或磁轴承，且与透平膨胀机同轴相连，可实现维护周期大于 3 年；脉冲管制冷机冷头无运动部件，避免了移动活塞产生的振动和磨损，配用声驱动压缩机做到免维护；优先选用液氮动压轴承的长轴型液氮泵或短轴型液氮泵，实现免维护或便捷维护。

（4）长寿命、真空绝热恒温器管路，突破真空获得和保持技术。真空获得和维持是真空绝热杜瓦寿命的关键，需要开展低温真空获得与保持技术的研究和恒温器管路高效抽空方法探索。低温吸附材料对真空的维持有重要作用，深入研究低温吸附材料的吸附机理和活化特性，通过优选获得最佳的低温吸附材料，实现恒温器管路的真空维持。

7.1.4　超导电缆技术展望

经过二十多年的发展，国内外超导电缆成缆技术已基本成熟，超导输电应用进入试验示范和商业化运行阶段，交流超导电缆最高电压等级达到 275kV、直流超导电缆最高电压等级达到 ±100kV，最大载流能力达到 10kA，然而，因涉及材料选型、制造工艺、用户需求等多个环节，目前超导电缆应用根据具体场合进行定制，除性能试验外，材料选型、成缆工艺和安装集成等尚未形成行业、国家和国际标准或规范，整体产业并未成熟。与常规电力电缆相比，从成缆技术层面而言，后续研发主要包括以下几个方面：

（1）综合性能评估及部件技术的提升：额定电流的定义尚未明晰，电缆传输功率密度、能耗等综合性能指标还有较大的提升空间和需求，接头技术以及管道修复和更换技术难以满足运维在时间、性能等方面的要求，电缆长时间运行可靠性、全寿命周期成本等问题的研究有待深入。

（2）超大容量电缆用材料制备与成缆工艺：10kA 及以上载流电缆的结构性能优化、500kV 及以上电压等级用低温绝缘材料的研发、有限空间低温绝缘工艺和技术等研究积累较少，甚至尚是空白。

（3）大长度电缆成缆工艺与特殊结构终端技术：公里级长度电缆涉及的电缆芯制造、长距离低温恒温管工艺、最佳分段长度、连接结构优化、电和热绝缘技术等一系列技术瓶颈仍需深入研究，满足特殊场合要求的，诸如现场成缆工艺控制、立式 GIS 一体化终端、即插式中间接头和终端连接等技术有待研发，电缆及终端嵌入过程形变、局放等在线监测手段所涉及的工艺远未成熟。

7.2　超导电力装备技术及其发展

7.2.1　技术现状

7.2.1.1　超导限流器

随着电力负荷的增长，系统装机容量扩大，电网联络不断加强，特别在负荷中心以及电源汇集点，系统短路电流将越来越大，过大的短路电流可能因电磁力、发热、电磁感应等引起导体、线圈和通信设备的损坏，严重的短路故障还可能导致发电机失去同步、从而引起系统解列，造成大面积停电事故。短路电流问题已成为制约现代电力系统发展的技术瓶颈之一。快速限制短路电流水平可以解决由于远距离、大容量输电而引起的系统稳定性问题，实现高可靠性和高密度输电，并可迅速有效地平衡峰值负荷，降低电网的造价和改造费用。

限流器的概念源于 20 世纪 70 年代，1982 年美国洛斯阿拉莫斯国家实验室、美国超导体公司和洛克希德马丁公司开始着手超导限流器的研究。超导限流器在电网正常输电时呈现低阻抗，发生短路故障时迅速转为高阻抗，限流后恢复到低阻抗状态，并与电网保护系统相匹配。国内外发展至今，超导限流器呈现原理多样化的趋势：从结构和原理上分类，有电阻型、变压器型、磁通锁型、混合型、磁屏蔽型、无感电抗器型、饱和铁芯电抗器型、电抗器型、谐振型和桥路型等类型；根据动作后投切的阻抗是否与材料失超特性相关，又可分为失超型和非失超型两大类。经过多年的研究，国内外研究的热点近十年来主要集中在电阻型和饱和铁芯型两种类型。

图 7-5 显示了安装在美国加利福尼亚圣贝纳迪诺 SCE Shandin 变电站的 15kV/1.2kA 饱和铁芯型限流器在满负荷运行状态下的故障限流试验曲线，图 7-5（a）典型限流试验，可以看出发生故障后，短路电流被限制在约 20% 目标值水平；图 7-5（b）一定时间间隔下连续两次限流试验，验证了其间自动重合闸的可行性。

目前，电阻型和饱和铁芯型限流器可达到电网配电和输电等级应用的技术水平：如 2009 年安装在美国南加州 Shandin 变电站 13.8kV/0.8kA 饱和铁芯型限流器，2012 年在天津石各庄变电站挂网运行 220kV/800A 饱和铁芯型限流器，2015 年安装在德国城市 Essen 中压配电网的 12kV/2.4kA 电阻型限流器，2020 年在南澳 160kV 直流输电线路挂网试验运行的 200kV/1kA 电阻型限流器等。桥路型限流器受电力电子器件参数水平以及控制技术的限制，应用电压等级较低，如 2005 年安装在湖南娄底市高溪变电站的 10.5kV/1.5kA 限流器；而其他类型限流器由于性能、经济性、稳定性等原因基本停留在样机研制阶段。

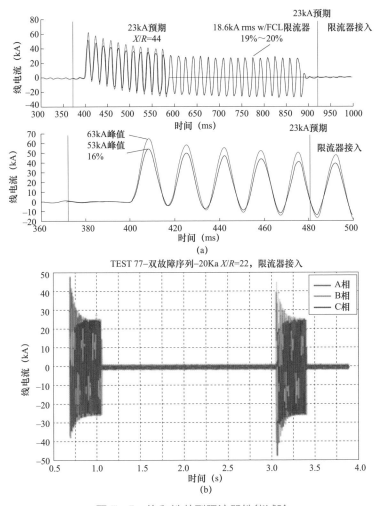

图 7-5 饱和铁芯型限流器性能试验

（a）典型限流试验；（b）一定时间间隔下连续两次限流试验

7.2.1.2 超导变压器

变压器是现代电力系统中的重要设备，它分布于电力系统的发、输、配、用各个环节。通常情况下，电能从发电到用电要使用变压器经过 5～10 次的电压等级变换。随着单机容量的日益增大，用户对变压器的要求越来越高，电力变压器除了要满足电、磁、力、热及高效率等技术规范外，还要满足小型、无油、低噪声的要求，以减小占地面积和减少环境污染。25MVA 及以上容量超导变压器体积和质量可减小至同容量的常规变压器的 40%～60%，过载不会影响其寿命，减少了分接开关转换的需求，环保性能突出，能够满足智能变电站装备先进、高效集成、安全环保等技术要求。

超导变压器运行原理与常导变压器无异，仅因超导绕组电磁优化和低温冷却等问题在系统结构上有所差异。早在 20 世纪 60 年代国际上就开始超导变压器经济性分析和概念设计，80 年代后期转向高温超导变压器。自 1997 年 630kVA/18.72kV 世界首台三相高温超导变压器在日内瓦电站成功试验后，技术发展至今已二十余年，但整体仍处于实验室研究和示范应用阶段，高载流复合化导体研发和限流超导变压器探索正在不断取得进展。

图 7-6 显示了一嵌入超导变压器的电网系统及总线 315 处出现 200ms 三相接地故障后的 PSCAD 仿真波形，该系统设计容量 29GW，包含十四个由水电、蒸汽和燃气轮机为基础的综合发电厂。分析结果表明，超导变压器特性可以显著限制了预期故障电流幅值，在达到动态稳定极限前允许增加相关线路的传输功率，由 500MVA 增至 650MVA。

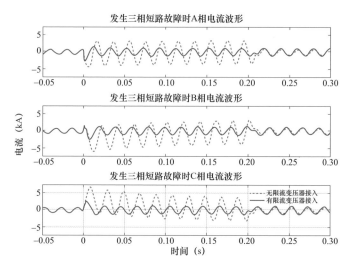

图 7-6 嵌入超导变压器系统及出现三相接地故障后仿真波形

除 ABB 和日本九州电力公司于 2000 年前后在配电网进行超导变压器试验运行外，日、美、韩、德、新西兰等国基于高温超导带材先后研制出 2MVA/66kV 单相、5～10MVA/24.9kV 和 60MVA/154kV 等不同容量的三相高温超导变压器样机；在我国，真空绝热气冷电流引线、玻璃钢杜瓦制造等关键技术上取得了积极进展，立足液氮环境下绝缘材料性能、绝缘结构设计和制作工艺的长期深入研究，输电电压等级变压器低温高电压绝缘技术获得突破；2014 年，研制出 1.25MVA/10.5kV 高温超导变压器，实现挂网运行，验证了当时高温超导材料的实用性能和用于构造变压器的技术可行性；2015 年，110kV 输电电压等级超导变压器绕组在绝缘和高压套管方面通过性能测试；基于高载流超导复合化导体，通过电磁、传热、力学等多约束优化和绕组稳定性、冲击波过程等性能分析，完成 25MVA/110kV 高温超导变压器总体方案设计；2017 年和 2021 年又分别研制出 330kVA/10kV 和 125kVA/6kV 单相高温超导限流变压器样机，进行了空载、短路等测试。

7.2.1.3　超导磁储能系统（SMES）

SMES 利用超导线圈将电磁能直接储存起来，需要时再将电磁能返回电网或其他负荷。超导线圈中储存的能量可由下式表示。

$$W_{SMES} = \frac{1}{2} L_{SMES} I_{SMES}^2 \qquad (7-1)$$

超导线圈是系统的核心，通以直流电流而无焦耳损耗，其平均电流密度比常规线圈高 1~2 个数量级，因此 SMES 具有高能量密度的特点，约为 $10^8 J/m^3$。它与电化学、压缩空气、抽水和飞轮储能相比，转换效率可达 95%、毫秒级的响应速度，具有大功率和大能量系统、寿命长及维护简单、污染小等优点。

从 1969 年提出概念以来，美国、日本、韩国、法国、德国、芬兰、波兰、澳大利亚、俄罗斯、以色列、印度等国家开展了大量研究。如今，1~5MJ/MW 低温超导 SMES 已形成产品；而在高温超导 SMES 研发方面，日、韩等国则先后研制出 MJ 容量样机，进行了励磁、稳定性等性能试验。图 7-7 显示了 2007 年安装在日本 Hosoo 变电站的 10MVA/20MJ 低温超导 SMES 接线图及其运行特性曲线，可以看出 SMES 可以快速补偿系统电压和功率波动。

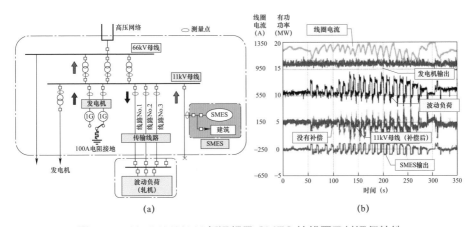

图 7-7　10MVA/20MJ 低温超导 SMES 接线图及其运行特性

（a）SMES 接线图；（b）运行特性

大容量 SMES 的电网应用多选择低温超导 SMES，早在 1991 年一台 30kJ 低温超导 SMES 就安装在日本 Ariura-gawa 水利发电厂，进行了提高输电系统稳定性的现场试验，结果表明即使 SMES 输出功率小于发电机功率 15%，SMES 仍可有效进行系统稳定控制；1995 年，一台 1.4MVA/2.4MJ 低温超导 SMES 安装在 Brookhaven 实验室，与 800kVA 配电系统相连，进行电压补偿，为负载提供高质量电能；1998 年，6 台 3MJ/8MVA 小型低温超导 SMES 成功地安装在威斯康星州电力公司的北方环型输电网，实现了对电网电能质量的实时快速调节，不仅大大地改善了该地区的供电可靠性和电能质量，而且将送电能力提高了 15%。

高温超导 SMES 因超导材料成本等因素导致的容量限制，现阶段应用多集中小容量 SMES，用于用户侧和站级，来改善电能质量、作为 UPS 等，我国处于国际先进水平：2008 年国内首台过冷液氮温区千焦级容量的混合式高温超导 SMES 在国家电网有限公司仿真中心完成动模试验，实现了毫秒级电压跌落和功率波动的动态补偿；2011 年 1MJ/0.5MW 高温超导 SMES 接入甘肃白银 10.5kV 超导变电站，为高温超导 SMES 商业化起到了推动作用；2014 年 150kJ/100kVA 移动式高温超导 SMES 在宜昌长阳七里湾水电站并入 10kV 电力系统，针对大规模风电并网引起的系统功率波动，增强系统动态稳定性和提高电能质量问题进行了现场试验；2017 年 1MJ/1 MW 限流高温超导 SMES 系统在玉门风电场并网试验，用以平滑风机功率输出，提高其低电压穿透能力。

7.2.1.4 超导电机

电机单机容量正向大型化发展，特别是随着风力资源利用正由内陆逐渐向近海转移，大型舰船的动力驱动系统的功率密度需进一步提高需求以及可再生能源大规模接入电网后稳定性的要求使得对电机组的大型化要求愈来愈迫切、然而，常规电机的效率和功率密度已接近其理论极限，尺寸和重量成为制约进一步发展的主要瓶颈。如何在大幅度提高电机功率密度的基础上，提高其单机容量，是提高当前电效率以及加快能源综合利用的关键途径之一。

超导电机采用超导材料部分或全部代替传统电机中的铜材料，一般地转子侧为超导励磁绕组，旋转励磁绕组主极磁场与定子电枢绕组磁场通过旋转电磁耦合实现机械能与电能的转换，在重量、体积、成本、效率、噪声和过载能力等方面具有优势，且大气隙电机同步电抗小，可在较小的负载角下运行且高短路比，负荷波动电压变化小，起到同步调相机的作用，并可提供超前和滞后无功功率，乃至额定值，在船舶推进、海上风电和电网同步调相等领域有潜在的应用价值。图 7-8 比较了超导与类似额定容量传统同步发电机的运行图，可以看出其安全运行区域（阴影部分）所覆盖的面积大于传统电机（哈希边界区域）。

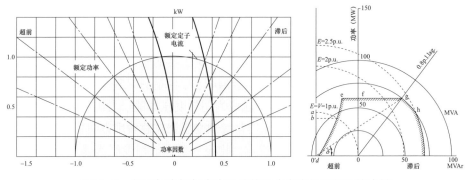

图 7-8　超导与类似额定容量传统同步发电机运行图的比较

超导电机研发始于 1965 年，美国 Aveo-Everett 实验室研制出世界首台 8kW 低温超导发电机，验证了超导材料用于旋转电机的工程可行性和良好的输出特性。二十世纪九十年代初期逐步转向高温超导电机：2007 年八套 10Mvar/13.8kV 超导同步调相机装在美国田纳西州 TVA 电网，用以解决轧钢机和电弧炉引起的频率振荡问题；2009 年 36.5MW 超导船舶推进电机研制成功，满负载测试效率达到 97%，重量小于 75 吨，仅为同规格传统电机的 1/3，也是目前国际上输出功率最大的超导电机；2011 和 2013 年德国和日本也先后研制出 4MW/120rpm 和 3MW/160rpm 高温超导电动机。自 2011 年美国提出 10MW 高温超导风力发电机的 SeaTitan 计划及其概念设计后，日本和欧洲等国家和地区也分别启动 SUPRAPOWER 和 EcoSwing 等计划开展 8～20MW 直驱型高温超导风力发电机研究，成为近十年来超导电机研发的热点。

在国内，2012 年 1MW/500rpm 船舶推进高温超导同步电机实现了满负载稳定运行，2017 年 30kW 超导风力发电机原理样机和 500kW 超导发电机进行了冷却、输出等性能测试，2018 年 3.6MW 超导风力发电机样机试制完成，2021 年 300kvar 高温超导同步调相机原理样机通过测试。

7.2.2　发展趋势

超导限流器适于交、直流多种故障场合，电阻型限流器可通过级联线性放大，但 500kV 及以上电压等级装备制造和电网应用有待于低温绝缘等技术的突破，失超恢复特性以及重合闸的实现方面仍显不足；饱和铁芯型限流器需要解决诸如体积过大、过电压保护和谐波污染等问题。近 5～10 年内超导限流器难以得到明确的适用性结论，多原理探索、样机研发和电网示范主要集中在 500kV 电压等级及以下，尚需要深入研究故障检测、低温绝缘、与电网交互等关键科学和技术问题，短时间难以满足超高压电网的应用需求；近期超导限流器可能与其他限流技术联合应用，易于在 220kV 及以下、高载流交直场合（如变压器母线、发电机出线、超导输电线路）获得初步的应用尝试。

高温超导变压器仍存在初始造价较高、经济容量较大、承受故障电流能力弱等缺点。为解决这些问题，目前高温超导变压器的研发主要呈现两个特征：一是向大容量变压器发展，当容量超过经济运行容量后，超导变压器的总投资费用将会低于传统变压器，使节能问题成为超导变压器的一大优势；二是功能设计，其基本思想是尽量避免超导变压器与常规变压器在总费用方面直接进行比较，充分发挥各种类型的超导变压器的优点，将设计重点放在发展其辅助功能上，使超导变压器突破超导复合导体制备、大口径玻璃钢杜瓦制作、长寿命低温制冷系统构造等关键技术，实现输电电压等级大容量高温超导变压器的研制与工程示范，推动超导变压器在多功能变电站、大容量超导输电等领域的现实应用。

超导磁储能系统面临着与电化学、飞轮等储能技术的激烈竞争，探索获得适合的应用方式是获得电网规模化应用的关键和当务之急。与抽水蓄能、电化学储能、储冷等装置联合应用，满足新能源入网等功率和频率的动态调节，是可供选择的应用摸索之一。低温超导 SMES 经济容量约 50MJ，制冷和运行成本一定程度上制约了技术的推广和应用的场合；尝试高温超导 SMES，探索多功能化，推动用户侧和站级的应用。在技术上，尚需解决大型高温超导储能线圈磁体力学支撑、高载流复合导体及其低阻接头工艺等问题，开发大功率、高载流斩波器和换流器等。

超导电机除海军舰艇电力推进方面获得了实际应用外，随着技术的进步将逐步拓宽，主要聚焦在风力发电、大功率驱动和电网无功补偿等应用领域，随着大容量方向的发展，进一步完善饱和和空芯磁场下的超导电机电磁场理论，通过选材、结构和工艺优化，降低绕组等部件损耗，实现整体结构良好的力学性能、可靠的力矩传递和高效的低温制冷。

7.3 超导电网应用新模式

7.3.1 超导环网

目前由于 35kV 配电网存量规模较大，一段时期内高压配电网处于 110kV 与 35kV 共存局面。随着 110kV 配电网的快速发展，与 35kV 配电网之间供电能力不平衡问题将日益突出：110kV 容载比较高，35kV 容载比偏低，且重载主变压器和线路主要集中在 35kV 配电网，需将 35kV 变电站负荷转移至 110kV 变电站，但缺乏变电站间负荷平衡的手段；110kV 及 35kV 电网虽总体供电能力充足，但局部地区主变压器、线路重载现象仍然存在，造成部分主变压器、线路无法满足 $N-1$；中心城区下级 10kV 配电网负荷转移能力不足，无法支撑中心城区 110kV 及 35kV 配电网满足检修情况下的 $N-1$。为了维护系统规划和运行安全标准规定的电网安全，通常为应急储备大量变压器备用容量。若将配电站间互联，形成环网，则具有几方面的优势：

（1）通过均衡/平衡不同变电站之间的负荷，增加备用容量的使用。

（2）提高由变电站支持的负荷转移到工作网络的可靠性。

（3）通过增加现有变电站的负荷调节能力，减少或推迟对网络投资的需求。

（4）为电网运行提供电压和功率流管理的灵活性。

然而，环网由于短路阻抗减小，故障电流水平将显著增大。原则上，可以串联电抗等装置限制系统短路电流。但是，电抗器等的引入会带来额外的损耗，所产生的压降也将影响负荷的电压水平；若需要限制的短路电流很大时，体积和质量也将十分庞大，在负荷密度较高的城市配电网中难以装设。利用超导电缆+超导限流器或超导限流电缆则在一定程度上缓解这一问题。

超导限流电缆集成了超导限流器和超导电缆的功能，在系统发生故障时，本质上可以视为电阻型超导限流器。美国国家安全局就曾与 Edison 公司合作，准备在纽约曼哈顿地区采用限流型高温超导电缆连接同一电源的两个邻近 10kV 配电变电站，以增强两个配电变电站之间的相互联系和支持，降低配电系统遭受恐怖袭击时停电带来的损失。图 7–9 显示了超导限流电缆在限流和未限流以及模拟响应（预期值）间的电流波形比较，可以看出实际故障电流降幅在第二个半周期达到 45%，第六个半周期达到 66%。而德国 Ampacity 项目则采用超导电缆与限流器串联，以降低线路的故障电流。

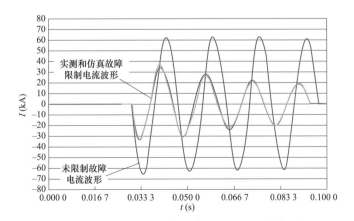

图 7–9　三相同轴超导限流电流正常运行和发生两相、
三相短路时故障时电流波形比较

美国超导公司对一 138kV 系统进行了仿真（见图 7-10），结果表明变电站 1 和变电站 2 的故障电流分别降低 36% 和 9%，输电能力也有类似的提高。33 节点配电环网动态特性仿真同样发现，配置有限流电缆的配电环网系统，在正常运行状态下的线路损耗更低；配电环网系统发生故障时，限流电缆的电流限制能力达到 25% 时，环网系统有功与无功波动更低，稳定性更好。

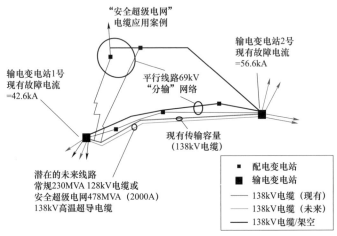

场景	输电变电站1号故障电流（kA）	输电变电站2号故障电流（kA）
现有故障电流	41.791	56.307
常规电缆安装故障电流	47.414	57.900
相比现有条件故障电流变化	13.48%	2.83%
新型安全超级电网高温超导电缆安装故障电流	42.972	56.675
相比现有条件故障电流变化	2.83%	0.65%
相比常规电缆方案故障电流变化	−9.37%	−2.12%
基于现有线路新型安全超级电网高温超导电缆安装故障电流	30.144	52.607
相比现有条件故障电流变化	−27.87%	−6.57%
相比常规电缆方案故障电流变化	−36.42%	−9.14%

图 7-10　两变电站（黑色大方块）间互联系统（绿色）及其仿真结果

以超导直流电缆实现的交流网间的互联，可在大幅度提高交流电网之间潮流容量的同时，明显地改善电网的可靠性及安全稳定性。俄罗斯 St. Petersburg 的高温超导直流电缆系统为中心大城市提供了一个以超导直流电缆实现配电环网运行从而加强供电安全可靠性的现实解决方案，其高温超导直流电缆系统如图 7-11 所示，采用 20kV、50MW、2500m 单极性超导直流电缆将俄罗斯 St. Petersburg 两座变电站的 110kV 系统通过传统直流输电变流装置连接起来，形成闭环运行模式，实现两个变电站 110kV 系统之间的潮流互动，以避免城市中心一些故障系统振荡模式导致供电中断的潜在危险，从而加强城市中心供电的可靠性。

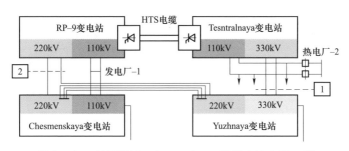

图 7-11　俄罗斯 St. Petersburg 超导直流电缆互联

7.3.2　超导变电站

发展以安全稳定、清洁高效、对新能源的高接纳能力为特征的能源互联网是未来电网建设的必然趋势。过去十余年来，综合自动化变电站得到了长足发展，已步入商业化应用阶段。然而，仍有许多问题有待解决：电网扩容使得短路电流水平过高，故障难以切除；远距离、大容量输电使得线路参数调控变得复杂，稳定性难以保障；高比例新能源并网带来的功率波动、无功支撑问题等。

超导变电站是将超导变压器作为基本功能设备，同时引入超导电缆、限流器等装置，使得变电站功能扩充和性能提升。1995 年，日本名古屋大学开展了 6/3kV 模拟系统的研究，模型包含 1000kVA 超导变压器、6kV/2000A 超导限流器和 6kV/650A 超导电缆，变电站容量达到 3.8kV/460kVA。2000 年，美国电力科学研究院在 24kV/100MVA 超导变电站中引入超导磁储能系统，取代常规变电站中静止同步补偿器等传统 FACTS 装置，使变电站具有灵活快速有功和无功调节能力，用于解决电压稳定性和电能质量问题；超导装置采用集中制冷，使得制冷量减少 30%；与常规变电站相比，占地减小 30%，维修费用降低 50%。2011 年，世界首座 10.5/0.4kV 超导变电站在甘肃省白银市建成，站内集成有 630kVA 三相超导变压器、1.5kA 超导限流器和电缆及 1MJ/0.5MVA 磁储能系统。

图 7-12 显示了美国电力科学研究院超导变电站集成设计，超导变压器作为变电站主变压器，采用高温超导电缆进行电流传输，高温超导限流器用于限制变电站中的短路电流，高温超导磁储能系统用于解决变电站的电压稳定

性和电能质量问题。图 7-13 显示了白银超导变电站系统接线，超导限流器用于抑制短路故障电流，提高电网动态稳定性，提高供电安全和可靠性，增加电网输送容量，延长电气设备的寿命；超导储能系统进行快速功率补偿，改善电能品质，充当不间断电源；超导电缆减少传输损耗，提高传输容量；超导变压器则为了降低运行损耗，提高单机容量。

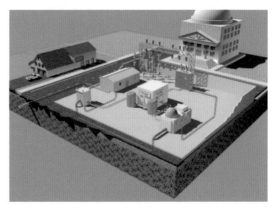

图 7-12　EPRI 超导变电站系统集成

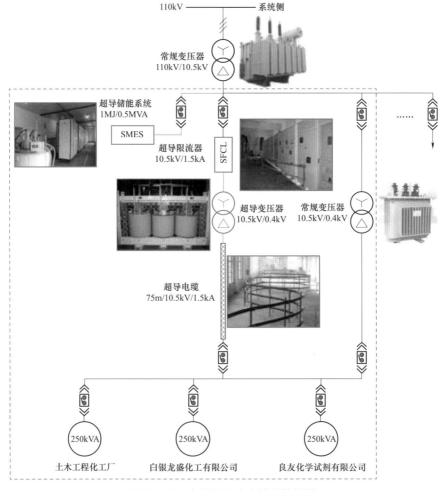

110kV　　　　　系统侧

常规变压器
110kV/10.5kV

超导储能系统
1MJ/0.5MVA

SMES

超导限流器
10.5kV/1.5kA

SFCL

超导变压器
10.5kV/0.4kV

常规变压器
10.5kV/0.4kV

超导电缆
75m/10.5kV/1.5kA

......

250kVA　　　　250kVA　　　　250kVA

土木工程化工厂　　白银龙盛化工有限公司　　良友化学试剂有限公司

图 7-13　白银超导变电站系统接线

超导变电站可作为一可控的柔性变电节点，隔离"双高"电网谐波，快速地补偿电压波动和闪变、谐波电流和电压、故障引起的短期供电中断和各相电压不平衡，满足用户对电能质量的要求（见图 7–14）。站内，由于电气设备运行在不锈钢杜瓦内，其在液氮内的绝缘距离是毫米量级的，接近变压器油在环境温度的数值，这样全封闭超导变电站的设备尺寸将进一步减小。无温室效应，更加环保，也不存在变压器油的危险性，对短时过载的耐受能力更强。低温、封闭的运行环境使得超导设备具有较长的使用寿命，比常规变电站更加可靠。站内超导设备整体检测与保护系统可根据不同设备之间的失超传播进行梯级保护，避免大面积超导设备的同时脱离运行，也可为故障后迅速恢复争取宝贵的时间；同时，对超导变压器副边电压波形傅里叶分析表明其谐波畸变率仅比网侧电压谐波畸变率略高（见图 7–15），超导变电站自身对电网影响极小。

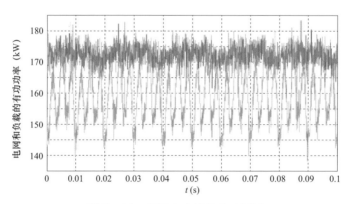

图 7–14　超导变电站的有功平滑

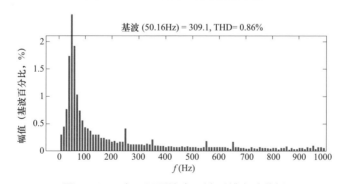

图 7–15　变压器副边电压波形傅立叶分析

7.3.3　液化天然气等能源混输

超导电缆输电功率大，损耗极小，载流能力较常规电缆大幅提高，需要低温环境维持在其超导临界温度以下；以液体形式输送清洁燃料（如氢气、天然气、乙烯、甲醇等）具有能量密度高、单位容积输送量大的优点，同样需要额外冷量支持。因此，将两者混输，以低温燃料冷却超导电缆，可提高整体输送效率、降低运维成本，符合大规模集输趋势，同时为能源互联网的发展提供一种新思路。

超导能源混输管道的概念由俄罗斯、日本等国提出并开展了初步研究，液氢沸点仅为 20K，远远低于大多数超导电缆的临界温度，因此液氢与超导输电混输具有天然优势，也是最早发展的根本原因。然而，由于对液氢燃料的需求有限，加之极低温区的技术经济性问题，电能/液氢能源管道难以大规模推广。

随着科学技术发展，超导电缆的临界温度不断取得突破，适用于液氮温区（77K）的超导输电已接近商业化运作，但氮气不是能源，以液氮冷却超导电缆存在冷量浪费。目前商品化高温超导带材的临界温度已高达 110K，与液化天然气温度（LNG，110K）相当，为超导电能与 LNG 混输提供了先决条件；而我国迫切需要解决资源分布不均的问题，西电东送与西气东输、近海风电与 LNG 接收站等大型工程在加速建设，这为电能与 LNG 混输提供了时代背景。

表 7-2 显示了 LNG 与电力混输与传统方式在损耗率和效率上的比较。分析表明联合输送系统的损耗率与输送电能（电量）与 LNG 容量（发电当量）比值成反比关系，存在一合理区间，且并与管线漏热密切相关。提高低温绝热材料的绝热特性、改进管路绝热结构，将显著减小 LNG 的输送功耗，进而降低联合输送系统的损耗率。

表 7-2　　　　　　　　　　不同输送模式的损耗率和效率

输送模式	常规电缆输电	压缩天然气输送	液化天然气输送	LNG 与电力混输
过程功耗	电能损耗	压缩机功耗	泵和制冷机总功耗	泵和制冷机总功耗
总能量	输电容量	总输气量的发电当量	总输气量的发电当量	发电当量与输电量之和
损耗率（%）	6.7	5.7	26.7	3.7
效率（%）	93.3	94.3	73.3	96.3

联合输送系统损耗率随输送电能与 LNG 容量（发电当量）比值的变化关系如图 7-16 所示。

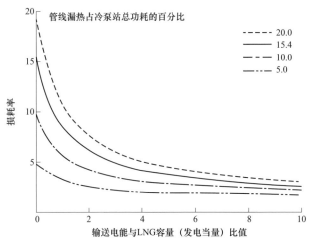

图 7－16　联合输送系统损耗率随输送电能与
LNG 容量（发电当量）比值的变化关系

7.4　结　语

作为一项重要的战略决策，我国提出碳达峰、碳中和目标，以高渗透率可再生能源、高比例电力电子设备、高速增长的直流负荷"三高"为主要特征的新型电力系统正在逐步形成。利用超导电缆、超导变压器等超导电力设备，可以降低输送电压、简化电网结构，提高整体能效，是新型电力系统的组成部分之一，将为电网实现"3060"目标发挥重要作用。

超导电缆及其输电技术优势突出，但距离实现其在电力系统中安全、可靠的大规模输电应用尚需进一步的探索和实践。通过不同性能超导电缆及其附件研制、电网运行特性研究和配套技术研发，优化选址，实现安全、高效和稳定运行，充分响应电网建设对提质增效、扩容降损、重负荷用户供电的实际需求，从中掌握超导输电线路规划、产品设计及制造、工程建设及运维等过程中所涉及的关键技术。随着超导材料和制冷技术的进步以及用户需求和生产成本的良性互动，超导电缆及其输电应用前途光明。

参 考 文 献

［1］ K. Onnes, "Further experiments with Liquid Helium G. On the electrical Resistance of Pure Metals etc. VI. On the Sudden Change in the Rate at which the Resistance of Mercury Disappears," *KNAW Proceedings 14:II*, pp. 261−263, 1912.

［2］ D. V. Delft and P. Kes, "The discovery of superconductivity," *Physics Today*, vol 63, no. 9, pp. 21−25, Feb. 2011.

［3］ W. Meissner and R. Ochsenfeld, "Ein neuer Effekt bei Eintritt der Supraleitfähigkeit," *Die Naturwissenschaften*, vol. 21, pp. 787, 1933.

［4］ https://commons.wikimedia.org/wiki/File:Meissner_effect_p1390048.jpg.

［5］ https://zh.wikipedia.org/wiki/%E8%B6%85%E5%B0%8E%E9%AB%94.

［6］ J. Nagamatsu et al. "Superconductivity at 39 K in magnesium diboride," *Nature*, vol. 410, pp. 63−64, Mar. 2001.

［7］ Y. Kamihara *et al.*, "Iron-based layered superconductor La $[O_{1-x}F_x]$ FeAs (x= 0.05−0.12) with Tc = 26 K," *J. Am. Chem. Soc.*, vol. 130, no. 11, pp. 3296−3297, Feb. 2008.

［8］ H. Takahashi *et al.*, "Superconductivity at 43 K in an iron-based layered compound $LaO_{1-x}F_xFeAs$," *Nature*, vol. 453, pp. 376−378, Apr. 2008.

［9］ H. H. Wen et al., "Superconductivity at 25 K in hole doped $La_{1-x}Sr_xOFeAs$," *Europhys. Lett.*, vol. 82, no. 1, Apr. 2008.

［10］ X. H. Chen *et al.*, "Superconductivity at 43 K in $SmFeAsO_{1-x}F_x$," *Nature*, vol. 453, pp. 761−762, Mar. 2008.

［11］ H. Chen *et al.*, "Superconductivity at 55 K in Iron-Based F-Doped Layered Quaternary Compound $Sm[O_{1-x}F_x]$ FeAs," *Chin. Phys. Lett.*, vol. 25, no. 6, pp. 2215−2216, Apr. 2008.

［12］ P. Drozdov *et al.*, "Conventional superconductivity at 203 kelvin at high pressures in the sulfur hydride system," *Nature*, vol. 525, pp.73−76, Jun. 2015.

［13］ Drozdov *et al.*, "Superconductivity at 250 K in lanthanum hydride under high pressures," *Nature*, vol. 569, pp. 528−531, Dec. 2018.

［14］ Elliot Snider *et al.*, "Room-temperature superconductivity in a carbonaceous sulfur hydride," *Nature*, vol. 586, pp. 373−377, Oct. 2020.

［15］ https://commons.wikimedia.org/wiki/File:Timeline_of_Superconductivity_from_1900_to_2015.svg.

［16］ 吴兴超，李永胜，徐峰. "高温超导材料的发展和应用现状，" 材料开发与应用，vol. 29, no. 4, pp. 95 – 100，2014.

［17］ 蒋志君，"实用化高温超导材料研发进展，" 中国材料进展，vol. 28, no. 4, pp. 28 – 33, 2009.

［18］ 金建勋，郑陆海，"高温超导材料与技术的发展及应用，" 电子科技大学学报 S1, pp. 612 – 627, 2006.

［19］ A.P. Malozemoff *et al.*, "HTS Wire: status and prospects," *Physica C*, vol. 386, pp. 424 – 430, Apr. 2003.

［20］ Y. Iijima *et al.*, "Development of 100-m long Y-123 coated conductors processed by IBAD/PLD method," *Physica C*, vol. 412, pp. 801 – 806, Oct. 2004.

［21］ S. Weber *et al.*, "Overview of the underground 34.5 kV HTS power cable program in albany, NY," *IEEE Transactions on Applied Superconductivity*, vol. 15, no. 2, pp. 1793 – 1797, Jun. 2005.

［22］ T. Masuda *et al.*, "Design and experimental results for Albany HTS cable," *IEEE Transactions on Applied Superconductivity*, vol. 15, no. 2, pp. 1806 – 1809, Jun. 2005.

［23］ R. C. Lee *et al.*, "Cryogenic refrigeration system for HTS cables," *IEEE Transactions on Applied Superconductivity*, vol. 15, no. 2, pp. 1798 – 1801, Jun. 2005.

［24］ H. Yumura *et al.*, "Phase II of the Albany HTS Cable Project," *IEEE Transactions on Applied Superconductivity*, vol. 19, no. 3, pp. 1698 – 1701, Jun. 2009.

［25］ J. F. Maguire *et al.*, "Progress and Status of a 2G HTS Power Cable to Be Installed in the Long Island Power Authority (LIPA) Grid," *IEEE Transactions on Applied Superconductivity*, vol. 21, no. 3, pp. 961 – 966, Jun. 2011.

［26］ J. F. Maguire *et al.*, "Development and Demonstration of a HTS Power Cable to Operate in the Long Island Power Authority Transmission Grid," *IEEE Transactions on Applied Superconductivity*, vol. 17, no. 2, pp. 2034 – 2037, Jun. 2007.

［27］ Sauers *et al.*, "High Voltage Testing of a 5-meter Prototype Triaxial HTS Cable," *IEEE Transactions on Applied Superconductivity*, vol. 17, no. 2, pp. 1734 – 1737, Jun. 2007.

［28］ R. James *et al.*, "Qualification High Voltage Testing of Short Triax HTS Cables in the Laboratory," *IEEE Transactions on Applied Superconductivity*, vol. 19, no. 3, pp. 1762 – 1765, Jun. 2009.

［29］ Shinichi M *et al.*, "Development of 500 m HTS power cable in super-ACE project," *Cryogenics*, vol. 45, no. 1, pp. 11 – 15, Jan. 2005.

［30］ S. Mukoyama *et al.*, "Manufacturing and installation of the world's longest HTS cable in the Super-ACE project," *IEEE Transactions on Applied Superconductivity*, vol. 15, no. 2, pp. 1763 – 1766, Jun. 2005.

[31] T. Masuda *et al.*, "A New HTS Cable Project in Japan," *IEEE Transactions on Applied Superconductivity*, vol. 19, no. 3, pp. 1735 – 1739, Jun. 2009.

[32] H. Yumura *et al.*, "Update of YOKOHAMA HTS Cable Project," *IEEE Transactions on Applied Superconductivity*, vol. 23, no. 3, Art no. 5402306, Jun. 2013.

[33] Watanabe M *et al.*, "Recent progress of liquid nitrogen cooling system (LINCS) for Yokohama HTS cable project," *Physics Procedia*, vol. 36, pp. 1313 – 1318, 2012.

[34] Watanabe M *et al.*, "Development of 22.9 kV high-temperature supersonducting cable for KEPCO," *Physica C*, vol. 463 – 465, pp. 1132 – 1138, Jan. 2007.

[35] H. Yang *et al.*, "Hybrid Cooling System Installation for the KEPCO HTS Power Cable," *IEEE Transactions on Applied Superconductivity*, vol. 20, no. 3, pp. 1292 – 1295, Jun. 2010.

[36] S. Sohn *et al.*, "Installation and Power Grid Demonstration of a 22.9 kV, 50 MVA, High Temperature Superconducting Cable for KEPCO," *IEEE Transactions on Applied Superconductivity*, vol. 22, no. 3, Art no. 5800804, Jun. 2012.

[37] B. Yang *et al.*, "Qualification Test of a 80 kV 500 MW HTS DC Cable for Applying Into Real Grid," *IEEE Transactions on Applied Superconductivity*, vol. 25, no. 3, Art no. 5402705, Jun. 2015.

[38] J. H. Lim *et al.*, "Cryogenic System for 80-kV DC HTS Cable in the KEPCO Power Grid," *IEEE Transactions on Applied Superconductivity*, vol. 25, no. 3, Art no. 5402804, Jun. 2015.

[39] M. Stemmle *et al.*, "Ampacity project — Worldwide first superconducting cable and fault current limiter installation in a German city center," *22nd International Conference and Exhibition on Electricity Distribution (CIRED 2013)*, 2013. doi: 10.1049/cp.2013.0905.

[40] M. Stemmle *et al.*, "AmpaCity—Installation of advanced superconducting 10 kV system in city center replaces conventional 110 kV cables," *2013 IEEE International Conference on Applied Superconductivity and Electromagnetic Devices*, 2013. doi: 10.1109/ASEMD.2013. 6780785.

[41] M. Stemmle *et al.*, "AmpaCity—Advanced superconducting medium voltage system for urban area power supply," *2014 IEEE PES T&D Conference and Exposition*, 2014. doi: 10.1109/TDC.2014.6863566.

[42] Jun Yang *et al.*, "The development of protection and monitoring system for high temperature superconducting cable," *39th International Universities Power Engineering Conference (UPEC 2004)*, vol. 1, pp. 709 – 712, 2004.

[43] X. H. Zong *et al.*, "Development of 35kV 2000A CD HTS cable demonstration project," *2015 IEEE International Conference on Applied Superconductivity and Electromagnetic Devices (ASEMD)*, 2015. doi: 10.1109/ASEMD.2015.7453717.

［44］ J. Li *et al.*, "Demonstration Project of 35 kV/1 kA Cold Dielectric High Temperature Superconducting Cable System in Tianjin," *IEEE Transactions on Applied Superconductivity*, vol. 30, no. 2, Art no. 5400205, Mar. 2020.

［45］ 周凌. 浅析城市电网规划升级改造的主要措施及其技术. 水电水利，2019，12（03）：79.

［46］ 中国城市电网发展的趋势和基本特征. 电力情报，2001（01）：24.

［47］ L. Yingying, G. Yi, Y. Fan, Z. Zhang and W. Xiao, "Research on optimization of power grid voltage class series based on rapid load growth," *2017 2nd International Conference on Power and Renewable Energy (ICPRE)*, 2017, pp. 1013 – 1016, doi: 10.1109/ICPRE.2017. 8390686.

［48］ X. Xin, K. Li, K. Sun, Z. Liu and Z. Wang, "A Simulated Annealing Genetic Algorithm for Urban Power Grid Partitioning Based on Load Characteristics," *2019 International Conference on Smart Grid and Electrical Automation (ICSGEA)*, 2019, pp. 1 – 5, doi: 10.1109/ICSGEA.2019.00009.

［49］ 牟新喆，王义超. 城市电网电压等级合理配置的研究. 黑龙江科技信息，2015（28）：118.

［50］ 苏卫华，施伟国，贺静. 上海市非中心城区 110kV 配电网发展初探. 供用电，2010，27（01）：41 – 43+60.

［51］ 谭春辉，郑志宇，黄有为，张雪峰，崔鸣昆. 深圳电网 500kV/220kV/20kV/0.4kV 电压序列体系的构建. 广东电力，2014，27（11）：51 – 55+76.

［52］ 李维立，温伟光. 电网规划与城市发展规划的探讨. 中国设备工程，2018(19)：204 – 205.

［53］ 叶锋图. 浅谈电网企业提升供电可靠性的管理策略. 农电管理，2021（05）：36 – 37.

［54］ 吕军，王金宇，崔艳妍，孙博，闫涛. 国家电网供电可靠性管理实践与思考. 供用电，2021，38（02）：1 – 5.

［55］ S. Su, Y. Hu, L. He, K. Yamashita and S. Wang, "An Assessment Procedure of Distribution Network Reliability Considering Photovoltaic Power Integration," in *IEEE Access*, vol. 7, pp. 60171 – 60185, 2019, doi: 10.1109/ACCESS.2019.2911628.

［56］ J. Zhu *et al.*, "Design and Characteristic Study of a Novel Internal Cooling High Temperature Superconducting Composite Cable With REBCO for Energy Storage Applications," in *IEEE Transactions on Applied Superconductivity*, vol. 28, no. 3, pp. 1 – 5, April 2018, Art no. 4801305, doi: 10.1109/TASC.2017.2782665.

［57］ S. H. Kim *et al.*, "Electrical Insulation Characteristics of PPLP as a HTS DC Cable Dielectric and GFRP as Insulating Material for Terminations," in *IEEE Transactions on Applied Superconductivity*, vol. 22, no. 3, pp. 7700104 – 7700104, June 2012, Art no.

7700104, doi: 10.1109/TASC.2011.2181470.

[58] J. LI, X. Song, Y. Zhang and F. Gao, "Operation optimization of active distribution network considering maximum consumption of distributed generation," *2019 IEEE 8th International Conference on Advanced Power System Automation and Protection (APAP)*, 2019, pp. 1053 – 1057, doi: 10.1109/APAP47170.2019.9224667.

[59] X. Hua, C. Yuxi, W. Jian and V. Agelidis, "Design of energy dispatch strategy of active distribution network using chance-constrained programming," *2015 IEEE PES Asia-Pacific Power and Energy Engineering Conference (APPEEC)*, 2015, pp. 1 – 5, doi: 10.1109/ APPEEC.2015.7380932.

[60] 刘洋，刘志伟，李立生，孙勇，张世栋. 考虑分布式电源主体参与的主动配电网分布式控制方法综述. 山东电力技术，2021，48（08）：13 – 18+38.

[61] 应启良，黄崇祺，魏东. 高温超导电缆在城市地下输电系统应用的可行性研究［J］. 电线电缆. 2003，25：369～377.

[62] 赵臻，邱捷，王曙鸿，宫瑞磊. 高温超导交流电缆电流分布及结构优化的研究［J］. 西安交通大学学报，38（4）：352 – 356.

[63] 应启良. 低温绝缘（CD）高温超导电缆屏蔽层电流对超导电缆导体和屏蔽电流分布的影响［J］. 电线电缆，2009（2）：7 – 15.

[64] 陈国邦.《低温工程材料》［M］. 浙江：浙江大学出版社. 1998.

[65] 应启良. 超导屏蔽对低温绝缘超导电缆运行性状的影响［J］. 电线电缆，2010（1）：14 – 18.

[66] 周孝信. 我国未来电网对超导技术的需求分析［J］. 电工电能新技术，2015，34（5）：1 – 7.

[67] 李红雷，林一，黄兴德. 高温超导电缆在大都市电网的应用前景［J］. 电力与能源，2017，38（3）：255 – 257.

[68] 郑健，宗曦华，韩云武. 超导电缆在电网工程中的应用［J］. 低温与超导，2020，48（11）：27 – 31.

[69] 滕玉平，肖立业，戴少涛等. 超导电缆绝缘及其材料性能［J］. 绝缘材料，2005（1）：59 – 64.

[70] R.Wesche 等. Design of Superconducting Power Cables[J]. Cryogenics. 1999, 767 – 775.

[71] 刘志凯，李卫国，魏斌，丘明. 冷绝缘超导电缆绝缘设计及测试方法的简介［J］. 低温与超导，2013，41（6）：34 – 37.

[72] 金建勋. 高温超导电缆与输电［M］. 北京：科学出版社，2021.

[73] IEC 63075 – 2019. Superconducting ac power cables and their accessories for rated voltages from 6kV to 500Kv-Test methods and requirements[S]. Switzerland. International

Electrotechnical Commission.

[74] GB 50150—2016. 电气装置安装工程电气设备交接试验标准［S］. 北京，中国计划出版社，2016.

[75] GB/T 18443.2—2010 真空绝热深冷设备性能试验方法　第 2 部分：真空度测量［S］. 北京，中国标准出版社，2010.

[76] GB/T 18443.3—2010 真空绝热深冷设备性能试验方法　第 3 部分：漏率测量［S］. 北京，中国标准出版社，2010.

[77] TOMITA M, AKASAKA T, FUKUMOTO Y, et al. Laying method for superconducting feeder cable along railway line [J]. Cryogenics, 2018, 89:125－30.

[78] MASUDA T, YUMURA H, WATANABE M, et al. Fabrication and Installation Results for Albany HTS Cable [J]. IEEE Transactions on Applied Superconductivity, 2007, 17(2): 1648－51.

[79] 魏东，宗曦华，徐操, et al. 35 kV 2000 A 低温绝缘高温超导电力电缆示范工程［J］. 电线电缆，2015，（1）：1－3，5.

[80] SOHN S H, CHOI H S, KIM H R, et al. Field Test of 3 phase, 22.9kV, 100m HTS Cable System in KEPCO [J]. Journal of Physics: Conference Series, 43(885－8).

[81] DEMKO J A, SAUERS I, JAMES D R, et al. Triaxial HTS Cable for the AEP Bixby Project [J]. IEEE, 2007.

[82] DL/T 1253—2013. 电力电缆线路运行规程［S］.

[83] Q/GDW 11262—2014. 电力电缆及通道检修规程［S］.

[84] Q/GDW 1512—2014. 电力电缆及通道运维规程［S］.

[85] D. -H. Yoon, "A feasibility study on HTS cable for the grid integration of renewable energy," *Physics Procedia*, Vol. 45, pp. 281－284, 2013.

[86] S. Yamaguchi *et al*., "A proposal for a lightweight, large current superconducting cable for aviation," *Supercond. Sci. Technol.*, Vol. 34, 014001，2021.

[87] B. W. McConnell, "Applications of high temperature superconductors to direct current electric power transmission and distribution," *IEEE Transactions on Applied Superconductivity,* Vol. 15, No. 2, pp.1142－1144，Jun. 2005.

[88] S. Yamaguchi *et al*., "Asian international grid connection and potentiality of DC superconducting power transmission," *Global Energy Interconnection*, Vol. 1，No. 1，pp11－19, Jan. 2018.

[89] M. Noe *et al*., "Conceptual study of superconducting urban area power systems," *Journal of Physics: Conference Series*, Vol.234, 032041, 2010.

[90] D. Lee *et al*., "Economic evaluation method for fault current limiting superconducting cables

considering network congestion in a power system," *IEEE Transactions on Applied Superconductivity,* Vol. 26, No. 4, 5401404, Jun. 2016.

［91］ W. J. Yuan *et al.*, "Economic feasibility study of using high-temperature superconducting cables in U.K.'s electrical distribution networks," *IEEE Transactions on Applied Superconductivity,* Vol. 28, No. 4, 5401505, Jun. 2018.

［92］ Nasser G.A. Hemdan *et al.*, "Integration of superconducting cables in distribution networks with high penetration of renewable energy resources: Techno-economic analysis," *Electrical Power and Energy Systems*, Vol.62, pp.45－58，2014.

［93］ H. Al-Khalidi *et al.*, "Performance analysis of HTS cables with variable load demand," 2011 *IEEE PES Innovative Smart Grid Technologies*, 2011.

［94］ Abhay S. Gour *et al.*, "Optimal location of resistive SFCL for protecting electrical equipment in Indian power grid: a case study," *IOP Conf. Series: Materials Science and Engineering*, vol. 502, 012143, 2019.

［95］ Michael P. Ross *et al.*, "Secure super grids™: A new solution for secure power in critical urban centers," *2008 IEEE/PES Transmission and Distribution Conference and Exposition,* 2008.

［96］ T Nitta, "Superconducting rotating machines: A review of the past 30 years and future perspectives," *Journal of Physics: Conf. Series*, Vol.1054, 012081, 2018.

［97］ H. Thomas *et al.*, "Superconducting transmission lines-Sustainable electric energy transfer with higher public acceptance?" *Renewable and Sustainable Energy Reviews*, Vol. 55, pp.59－72, 2016.

［98］ W.R.L. Garcia *et al.*, "Technical and economic analysis of the R-type SFCL for HVDC grids protection," *IEEE Transactions on Applied Superconductivity,* Vol. 27, No. 7, 5602009, Oct. 2017.

［99］ K. Peddakapu *et al.*, "Design and simulation of resistive type SFCL in multi-area power system for enhancing the transient stability," *Physica C: Superconductivity and its applications*, Vol.573, 1353643, 2020.

［100］ J-W. Shin *et al.*, "Impact of SFCL according to voltage sags based reliability," *IEEE Transactions on Applied Superconductivity,* Vol. 31, No. 5, 5600905, Aug. 2021.

［101］ Z. Rafiee *et al.*, "Optimized control of coordinated series resistive limiter and SMES for improving LVRT using TVC in DFIG-base wind farm," *Physica C: Superconductivity and its applications*, Vol.570, 1353607, 2020.

［102］ Peter G. O'Brien *et al.*, "Test facility for study of HTS electric machine performance under dynamic electromagnetic conditions," *IEEE Transactions on Applied Superconductivity,* Vol.

29, No. 5, 9500307, Aug. 2019.

［103］ M. Elshiekh *et al*., "Effectiveness of superconducting fault current limiting transformers in power systems," *IEEE Transactions on Applied Superconductivity,* Vol. 28, No. 3, 5601607, Apr. 2018.

［104］ M. Yazdani-Asrami *et al*., "Fault current limiting HTS transformer with extended fault withstand time," *Supercond. Sci. Technol.,* Vol. 32, 035006, 2019.